CHIP-Schulung von bhv

Excel für Windows 95

Inhalt

Einleitung

Lektion 1

Lektion 2

Lektion 3

Lektion 4

Lektion 5

Glossar

CHIP-Schulung von bhv

Excel für Windows 95

Einleitung

Herzlich willkommen!

Ich freue mich, Sie heute als Teilnehmer in unserer CHIP-Schulung begrüßen zu dürfen. Bitte nehmen Sie Platz, machen Sie es sich vor Ihrem Schulungscomputer gemütlich, setzen Sie sich bequem und entspannt in Ihren Stuhl, und freuen Sie sich auf ein interessantes und nutzbringendes Computerseminar.

Darf ich mich vorstellen?

Mein Name ist Ignatz Schels, und wenn Sie nicht im Rahmen einer Schulung gemeinsam mit anderen lernen, sondern diese Unterlagen alleine im Selbststudium nutzen, dann bin ich Ihr Referent und Betreuer für die Dauer dieses Seminars. Von Beruf bin ich Informatiker und Programmierer und seit vielen Jahren freiberuflich als EDV-Referent tätig. Nebenbei schreibe ich noch Bücher und Beiträge für Fachzeitschriften zum Thema PC-Software. Ich freue mich sehr, Ihnen in dieser Schulung Fachwissen und praktisches Know-how präsentieren zu dürfen.

Sie haben heute Computerkurs

... und falls das noch nicht jeder weiß, der Sie sonst den ganzen Tag über in Beschlag nimmt, dann sollten Sie jetzt gleich dafür sorgen, daß das der Fall ist. Stellen Sie das Telefon um oder ab, hängen Sie ein „Bitte nicht stören“-Schild an die Tür, und verschanzen Sie sich. Wir können nur in einer ungestörten Atmosphäre konzentriert arbeiten. Das gilt besonders für Seminare am Computer.

Voraussetzungen

Welche Voraussetzungen sollten Sie mitbringen für einen erfolgreichen Abschluß der CHIP-Schulung? Die Bereitschaft, sich am PC weiterzubilden, haben Sie – das beweist ja schon die Tatsache, daß Sie an unserer Schulung teilnehmen. Wenn Sie jetzt noch eine gehörige Portion Neugier hinzufügen, das Ganze mit einem kräftigen Schuß Humor würzen und allen Respekt vor dem Computer einfach abschütteln, dann haben Sie die richtige Mixtur gefunden, um Ihren Wissensdurst zu stillen. Alles andere machen wir – die CHIP-Schulung ist vor allem für **Entschlossene** konzipiert (Einsteiger oder gar Anfänger gibt es bei uns nicht!).

Microsoft Windows 95 sollten Sie allerdings kennen. Zumindest soweit, daß Sie sicher mit dem Menü *Start*, der Task-Leiste, Ordnern und Dateien, Fenstern, Menüs und Schaltflächen umgehen können. Ohne Windows-Kenntnisse können Sie kein Windows-Programm bedienen, denn sie ordnen sich alle Windows unter.
Wenn Sie also mit Windows 95 noch nicht vertraut sind, würden wir Sie gerne zuerst bei der CHIP-Schulung **Windows 95 – Erstkontakt** begrüßen. Außerdem ist es wichtig, daß Sie bereits mit Excel für Windows 95 gearbeitet haben. Wir setzen in diesem Aufbaukurs das Wissen aus der **CHIP-Schulung Excel für Windows 95 – Grundkurs** voraus.

Eines müssen wir ebenso voraussetzen: Sie brauchen einen Personalcomputer und auf diesem das Programm, das Sie mit der CHIP-Schulung erlernen wollen. Die Software muß **vollständig** installiert sein. Vollständig heißt, mit allen Dateien, Zusätzen, Treibern, einfach allem, was das Installationsprogramm anbietet. Ist das nicht der Fall, kann es passieren, daß Sie einzelne, in den Lektionen behandelte Menübefehle oder Schaltflächen nicht finden.

Wohin laufen wir denn?

Wenn man erst einmal weiß, wohin die Reise gehen soll, geht man in der Regel deutlich motivierter an den Start. Lassen Sie uns deshalb für dieses Seminar ein Ziel abstecken, damit Sie wissen, wo es langgeht:

Unser Ziel: Sicherheit und Selbständigkeit

- **Sicherheit:** Sie werden nach diesem Seminar sicher im Umgang mit dem Programm sein. Sie werden Menüs und Schaltflächen, Dialoge und Meldungen kennen und wissen, wo welche Programmfunktion zu finden ist. Diese Sicherheit wird Sie befähigen, einen Großteil der Aufgaben, für die das Programm im Einsatz ist, schnell und richtig zu lösen.
- **Selbständigkeit:** PC-Programme sind keine Lösungen, sondern Werkzeuge, und als ein solches Werkzeug werden Sie Ihr Programm nach dem Kurs auch sehen. Sie werden selbständig und kreativ damit arbeiten und in der Lage sein, Aufgabenstellungen durch Eigeninitiative zu lösen.

Um dieses Grobziel zu erreichen, erarbeiten wir uns mehrere aufeinander abgestimmte Feinziele. Sie finden diese Feinziele in Ihrer CHIP-Schulung am Anfang jeder Einzellektion.

Lernen Sie mit System

Ihre Seminarunterlage ist nach einem für Computerschulungen besonders geeigneten Konzept erstellt. Bitte nehmen Sie sich die Zeit, und machen Sie sich mit dem Aufbau dieser Schulungsunterlage etwas vertraut:

Lektionen

Die CHIP-Schulung ist in einzelne Lektionen untergliedert. Jede Lektion beginnt mit der Definition der Feinziele und enthält eine Aufstellung der behandelten Themen. Alle Lektionen sind inhaltlich unabhängig voneinander, was bedeutet, daß Sie keine der Lektionen durchgearbeitet haben müssen, um eine andere verstehen zu können. In welcher Reihenfolge Sie diese Lektionen bearbeiten sollten, hängt von Ihrem Vorwissen ab:

- Als Neueinsteiger beginnen Sie am besten mit *Lektion 1* und arbeiten sich sequentiell durch bis zur letzten Lektion. Sollte eine Lektion dabei ein Thema behandeln, das Sie wahrscheinlich nicht brauchen werden, dann dürfen Sie es ruhig überspringen, weil die nächste Lektion nicht auf der vorherigen aufbaut. Das gilt aber nicht für die ersten zwei oder drei Lektionen, da diese immer die allgemeinen Programmfunktionen zum Thema haben.
- Fortgeschrittene Anwender picken sich gezielt die Lektionen heraus, die sie interessieren, und arbeiten diese durch. Die Lektionen sind in sich geschlossen, und das Thema wird umfassend behandelt. Der begrenzte Umfang läßt natürlich nicht zu, daß wir auf alle Einzelheiten des Themas eingehen. Die Auswahl beinhaltet aber alle wichtigen Lernziele.

Basiswissen – Zusatzwissen

Nach der Zieldefinition der Lektion finden Sie die behandelten Themen jeweils auf einer Doppelseite, die in drei Themenabschnitte untergliedert ist. Auf der linken Seite mit der Überschrift „Basiswissen“ bietet Ihnen Ihre CHIP-Schulung vor allem Praxis. Ihre Aufgabe ist es, die einzelnen durchnumerierten Punkte Schritt für Schritt nachzuvollziehen und dadurch zu lernen, wie etwas funktioniert. Die dafür benötigten Beispieldaten sind jeweils aufgeführt oder abgebildet.

Rechts auf der Doppelseite lesen Sie im „Zusatzwissen“ Erklärungen zu dieser Übung. Ist das Thema einfach und bereits über die Übung verständlich geworden, erhalten Sie zusätzliche Informationen dazu. Sollte der Stoff aber etwas komplexer und schwieriger zu verstehen sein, finden Sie hier eine detaillierte Beschreibung dazu. In beiden Fällen gibt Ihnen der Zusatzwissen-Abschnitt aber wichtige Hinweise, macht Sie auf Fehlerquellen aufmerksam und hat oft auch einen pfiffigen Trick parat, der zeigt, wie das Ganze noch einfacher geht.

Notizen

Am Ende einer jeden Lektion finden Sie eine Seite für Ihre persönlichen Notizen. Nutzen Sie diesen Platz, um Anmerkungen zu notieren usw. Dadurch haben Sie beim späteren Nacharbeiten der CHIP-Schulung auch Ihre Notizen sofort wieder zur Hand.

Symbole und Schreibweisen

Damit Sie sich voll und ganz auf das Seminar konzentrieren können, verwendet die CHIP-Schulung eine ganz bestimmte Symbolik, die Sie sofort zur Aussage des Textes hinleiten soll:

STOP

Achtung
Dieses Symbol weist auf eine mögliche Fehlerquelle oder die Gefahr einer Fehlbedienung hin.

Hinweis
Hier finden Sie eine besonders wichtige Zusatzinformation zum beschriebenen Thema.

Tip
Nützliche Tips und Tricks, die für manche Langstrecken eine Abkürzung zeigen.

Fettdruck Wichtige Kernaussagen im Text sind oft fett gedruckt, auch Zwischenüberschriften finden Sie in dieser Textauszeichnung.

Kursivschrift Wenn im Basiswissen oder Zusatzwissen eine Menüoption beschrieben wird, verwendet die CHIP-Schulung die Kursivschrift. Ein Beispiel:

1. Wählen Sie *Datei/Drucken*. Geben Sie die Anzahl der Kopien an.

Mit *Datei/Drucken* ist die Option *Drucken* aus dem *Datei*-Menü gemeint. Sie klicken mit der Maus auf das Menü *Datei* und anschließend auf die Option *Drucken*.

[Tasten] Wenn Sie aufgefordert werden, eine Taste zu drücken, ist der Name der Taste mit einem Rahmen versehen:

Drücken Sie [⭾], oder betätigen Sie die [↵]-Taste.

Zum Schluß

… noch einige Ratschläge von Ihrem Referenten:

- Machen Sie regelmäßige Pausen, und nutzen Sie diese, um frische Luft zu schnappen (nicht um den Solitaire-Punktestand zu verbessern). Entlasten Sie vor allem die Augen von der Bildschirmarbeit.
- Fangen Sie früh an, und arbeiten Sie nicht zu lange. Die Konzentrationsfähigkeit ist individuell verschieden, sinkt aber bei allen Menschen am Nachmittag rapide ab. Und mehr als 6 Stunden täglich sollten Sie keinesfalls am Computer lernen.
- Wiederholen Sie regelmäßig. Mit der Durcharbeitung einer Lektion ist es nicht getan. Die erlernten Themen müssen mindestens noch dreimal angesprochen werden. Ziehen Sie auch Ihre Hand- oder Fachbücher zu Rate, und arbeiten Sie mit der Online-Hilfe ([F1]-Taste!).

Soweit die einleitenden Worte. Lassen Sie uns nun mit dem Seminar beginnen. Ich wünsche Ihnen eine angenehme Zeit und viel Erfolg mit Ihrer CHIP-Schulung!

Ihr

Ignatz Schels

Notizen

CHIP-Schulung von bhv

Excel für Windows 95

1

Zuerst lernen Sie in diesem Kapitel, wie Sie Daten möglichst effektiv eingeben und bearbeiten können. Sie erstellen benutzerdefinierte Kopf- und Fußzeilen und verwenden spezielle Zahlenformate.

Dann werden Sie viele neue Funktionen kennenlernen, mit denen Sie eine oder mehrere Bedingungen einfügen können, Tabellen durchsuchen, Werte automatisch einlesen, Zellinhalte prüfen und Fehlerwerte unterdrücken können.

Am Ende des Kapitels lernen Sie die Kalkulation mit Hilfe der Funktion ZIELWERT und dem Solver kennen. Sie werden dann den Szenario-Manager einsetzen, um die berechneten Werte in einem Bericht zusammenzufassen und auszudrucken.

- Artikelliste erstellen und speichern
- Daten für mehrere Zellen
- Artikelliste gestalten
- Bedingten Text einfügen
- Benutzerdefinierte Formatvorlage erstellen
- Spaltenbeschriftungen gruppierter Blätter
- Formatvorlagen zwischen Mappen kopieren
- Sonderformate einsetzen
- Formular für Bestellungen entwickeln
- Benutzerdefinierte Kopf- und Fußzeile
- Daten per Verweisfunktion einlesen
- Lieferantenadresse übernehmen
- PLZ und Ort verketten
- Funktionen schachteln
- Die Anzeige von Fehlerwerten unterdrücken
- Mappen ausblenden und anordnen
- Übereinstimmung suchen
- Die Funktion UND
- Die Funktion ODER
- Bestellung als Mustervorlage speichern
- Preiskalkulation mit Hilfe der Zielwertsuche
- Den Solver installieren
- Solverdaten vorbereiten
- Den Solver aktivieren
- Problemstellung mit dem Solver lösen
- Szenario mit dem Szenario-Manager
- Übersichts-Bericht erstellen

Artikelliste erstellen und speichern

Neuen Ordner erstellen

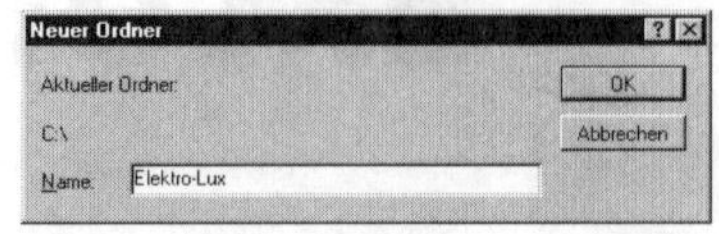

Speicherordner erstellen

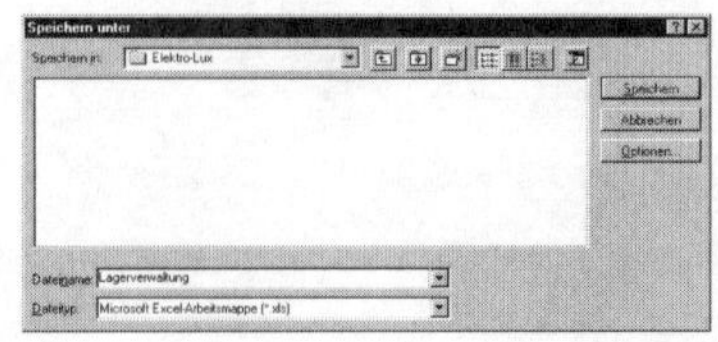

Neue Mappe speichern

1. Sofern Sie noch nicht mit Excel arbeiten, starten Sie Excel. Falls Excel bereits läuft, **schließen Sie alle geöffneten Arbeitsmappen** und erstellen mit der Schaltfläche *Neue Arbeitsmappe* eine **neue Mappe**.
2. **Erstellen Sie die im Zusatzwissen abgebildete Übungstabelle.**
3. Wählen Sie dann *Datei/Speichern unter*, und aktivieren Sie die Schaltfläche *Neuen Ordner erstellen*. Geben Sie bei *Name* ein:

   `Elektro-Lux`

4. Aktivieren Sie *OK*, doppelklicken Sie auf den **neuen Ordner**, und geben Sie bei *Dateiname* ein:

   `Lagerverwaltung`

5. Aktivieren Sie die Schaltfläche *Speichern*. Falls das Dialogfeld *Eigenschaften* angezeigt wird, füllen Sie die Datei-Info aus und schließen das Dialogfeld ebenfalls mit *OK*.

Daten für mehrere Zellen

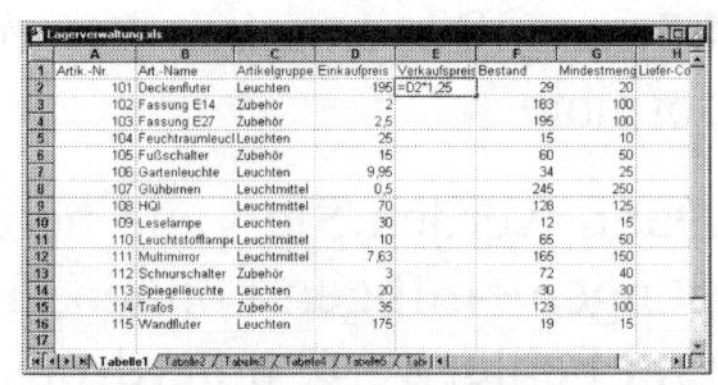

Mehrfachmarkierung

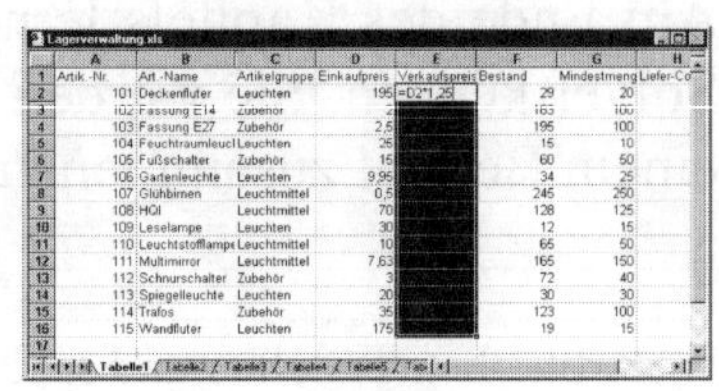

Formel in markierten Bereich einfügen

1. Markieren Sie **mit gedrückter Taste** [Strg] folgende Zellen:

   `C2;C5;C7;C10;C14;C16`

2. Geben Sie folgende **Artikelgruppe** ein:

   `Leuchten`

3. **Beenden Sie die Eingabe mit der Tastenkombination** [Strg]+[↵].
4. Fügen Sie genauso die Artikelgruppen in den folgenden Zellen ein:

   ```
   C3;C4;C6;C13;C15    Zubehör
   C8;C9;C11;C12       Leuchtmittel
   ```

5. Markieren Sie die Zellen E2:E16, geben Sie die folgende Formel ein:

   `=D2*1,25`

6. Beenden Sie auch diese Eingabe mit [Strg]+[↵].
7. Doppelklicken Sie auf das Register von *Tabelle1*, und benennen Sie das Blatt in „Artikelliste" um.

Artikelliste gestalten

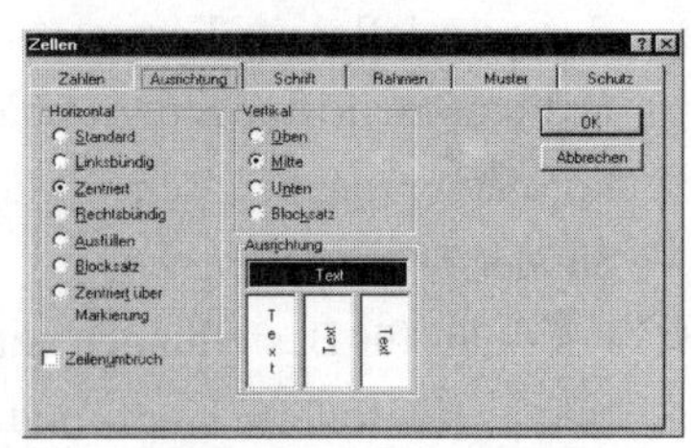

Text vertikal ausrichten

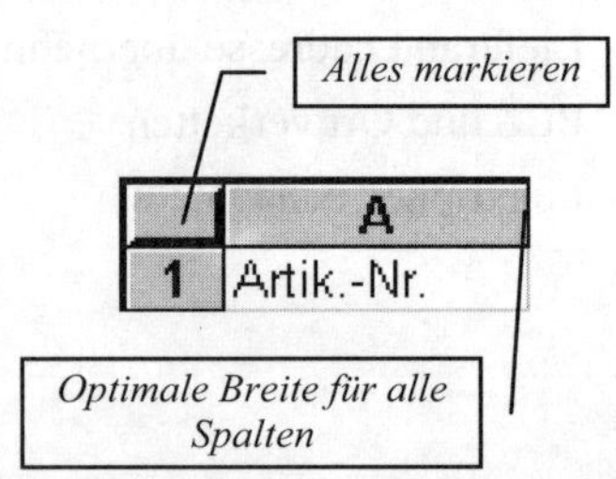

1. Markieren Sie A1:I16, und stellen Sie die Schriftart *Times New Roman* sowie die Schriftgröße „10" ein.
2. Wählen Sie aus der *Rahmenlinien-Palette* eine einfache Linie rechts und links.
3. Markieren Sie die Zellen A1:I1, und stellen Sie die Schriftgröße „11" ein.
4. Aktivieren Sie die Schaltflächen *Fett* **F** und *Zentriert*, und wählen Sie *Format/Zellen*.
5. Markieren Sie auf der Registerkarte *Ausrichtung* in der Optionsgruppe *Vertikal* die Schaltfläche *Mitte*. Schließen Sie das Dialogfeld mit *OK*.
6. Wählen Sie aus der *Rahmenlinien-Palette* eine einfache Linie unten.
7. Markieren Sie die Zellen D2:E16, und aktivieren Sie die Schaltfläche *Währungsformat*.
8. Aktivieren Sie *Alles markieren*, und stellen Sie mit einem **Doppelklick auf eine rechte Spaltenbegrenzung die optimale Breite für alle Spalten** ein.

	A	B	C	D	E	F	G	H	I
1	Artik.-Nr.	Art.-Name	Artikelgruppe	Einkaufpreis	Verkaufspreis	Bestand	Mindestmenge	Liefer-Code	Vorrat
2	101	Deckenfluter		195		29	20	101	
3	102	Fassung E14		2		183	100	102	
4	103	Fassung E27		2,5		195	100	101	
5	104	Feuchtraumleuchte		25		15	10	104	
6	105	Fußschalter		15		60	50	107	
7	106	Gartenleuchte		9,95		34	25	107	
8	107	Glühbirnen		0,5		245	250	102	
9	108	HQI		70		128	125	104	
10	109	Leselampe		30		12	15	106	
11	110	Leuchtstofflampen		10		65	50	103	
12	111	Multimirror		7,63		165	150	105	
13	112	Schnurschalter		3		72	40	107	
14	113	Spiegelleuchte		20		30	30	107	
15	114	Trafos		35		123	100	103	
16	115	Wandfluter		175		19	15	104	

In Excel gibt es noch **viele weitere Möglichkeiten**, **Zellinhalt**, den Sie in mehreren Zellen benötigen, **komfortabel zu vervielfältigen**:

- Geben Sie den Zellinhalt in die oberste oder die linke Zelle ein, und kopieren Sie ihn mit Hilfe der Funktion ***AutoAusfüllen*** in die benachbarten Zellen.
- Markieren Sie den Zellinhalt und den gewünschten Ausfüllbereich nach der Eingabe, und wählen Sie *Bearbeiten/Ausfüllen*. Sie können dann die gewünschte Richtung auswählen.
- **Kopieren Sie den Zellinhalt** mit den Schaltflächen *Kopieren* und *Einfügen* aus der Zielzelle in alle weiteren Zellen, in denen Sie die Daten brauchen.
- Markieren Sie die Ausgangszelle, und wählen Sie *Bearbeiten/Ausfüllen/Reihe*. Wählen Sie die Ausfüllrichtung, markieren Sie den *Reihentyp*, und geben Sie das *Inkrement* oder den gewünschten *Endwert* ein.

Sie können Zellinhalt sowohl **horizontal** als auch **vertikal ausrichten**. Im Dialogfeld *Zellen* finden Sie auf der Registerkarte *Ausrichtung* die Optionsgruppe *Horizontal*, um den Zellinhalt im Verhältnis zur aktuellen Spaltenbreite auszurichten.

In der Optionsgruppe *Vertikal* finden Sie Schaltflächen, mit denen Sie den Zellinhalt innerhalb der aktuellen Zeilenhöhe vertikal ausrichten können.

Mit der Schaltfläche *Zentriert* richten Sie Daten in der Mitte der Spalte aus. Mit der Ausrichtung *Mitte* in der Optionsgruppe *Vertikal* richten Sie Daten genau in der Mitte der Zeilenhöhe aus.

Sie finden auf der Registerkarte *Ausrichtung* in der Optionsgruppe *Ausrichtung* Schaltflächen, mit denen Sie den **Zellinhalt auch vertikal**, also **von oben nach unten** bzw. **von unten nach oben**, **drucken** können. Diese Ausrichtung **spart** in umfangreichen Tabellen wertvollen **Platz**.

Bedingten Text einfügen

1. Klicken Sie in I2, und aktivieren Sie den *Funktions-Assistenten* fx.
2. Markieren Sie in der Liste *Kategorie* den Eintrag *Logik* und in der Liste *Funktion* den Eintrag *WENN*:
3. Blenden Sie den **nächsten Schritt** des Funktions-Assistenten mit *Weiter* ein.
4. Der Cursor blinkt im Feld *Prüfung*. Klicken Sie in der Tabelle auf F2, geben Sie das Zeichen „<" ein, und klicken Sie in die Zelle G2.
5. Klicken Sie in das Textfeld *Dann_Wert*, und **schreiben Sie den Text**:

   `Lager auffüllen!`

6. Setzen Sie den Cursor mit ↹ in das Feld *Sonst_Wert*, und klicken Sie dann auf F2. Geben Sie ein **Minuszeichen** ein, und klicken Sie auf G2.
7. **Beenden Sie den Funktions-Assistenten** mit der Schaltfläche *Ende*.
8. **Kopieren Sie die Formel** in die Felder I3:I16.

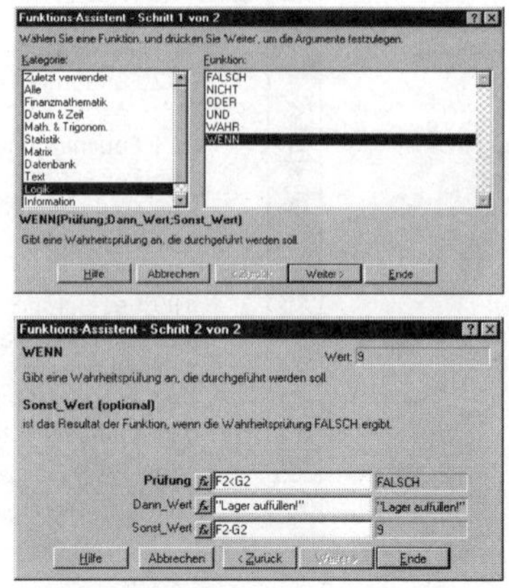

Der erste und der zweite Schritt

Benutzerdefinierte Formatvorlage erstellen

1. Markieren Sie die Zelle A1, und wählen Sie *Format/Formatvorlage*.
2. **Überschreiben** Sie die Vorgabe im Feld *Formatvorlagenname* mit:

   `Spaltenbeschriftung`

3. **Schalten Sie alle Kontrollkästchen an**, und aktivieren Sie die Schaltflächen *Hinzufügen* und *OK*.
4. Markieren Sie die Zelle A3, und wählen Sie erneut *Format/Formatvorlage*.
5. Geben Sie bei *Formatvorlagenname* ein:

   `Spaltentext`

6. Aktivieren Sie wieder die Schaltflächen *Hinzufügen* und *OK*.
7. Zwischenspeichern Sie die geänderte Tabelle mit der Schaltfläche *Arbeitsmappe speichern*.

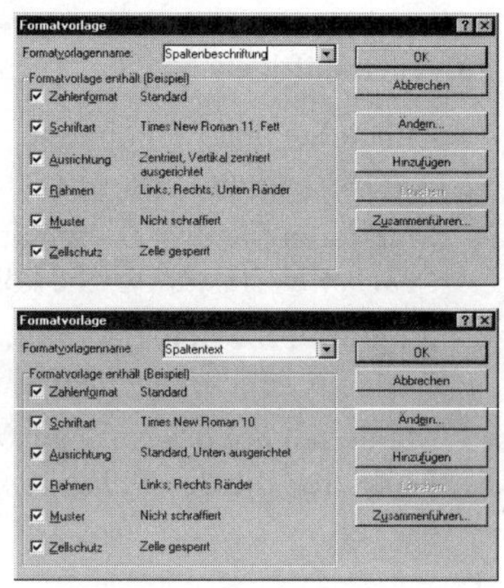

Benutzerdefinierte Formatvorlagen

Spaltenbeschriftungen gruppierter Blätter

1. Erstellen Sie mit der Schaltfläche *Neue Arbeitsmappe* eine **neue Mappe**.
2. Speichern Sie die Mappe als „Adressen.xls" im Ordner *Elektro-Lux*.
3. **Doppelklicken Sie auf das Register** von *Tabelle1*, und geben Sie bei *Name* ein:

   `Lieferanten`

4. Bestätigen Sie mit *OK*, und **benennen** Sie genauso *Tabelle2* in „Mitarbeiter" um.
5. Aktivieren Sie das Blatt *Lieferanten*, und klicken Sie **bei gedrückter Taste** ⇧ auf das Register *Mitarbeiter*.
6. Markieren Sie A1:F1, und geben Sie **folgende Spaltenbeschriftungen** ein, indem Sie nach jedem Eintrag die Eingabetaste ↵ drücken:

```
A1: Code     B1: Name       C1: Plz
D1: Ort      E1: Straße     F1: Telefon
```

7. Bestätigen Sie auch die letzte Eingabe mit ↵.

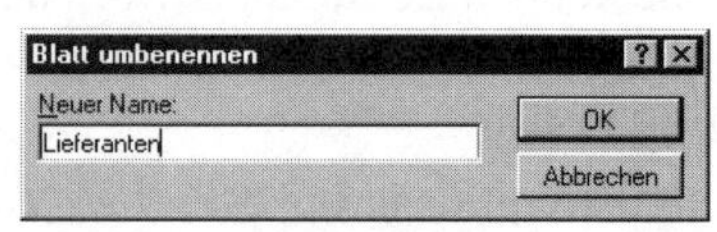

Tabelle benennen

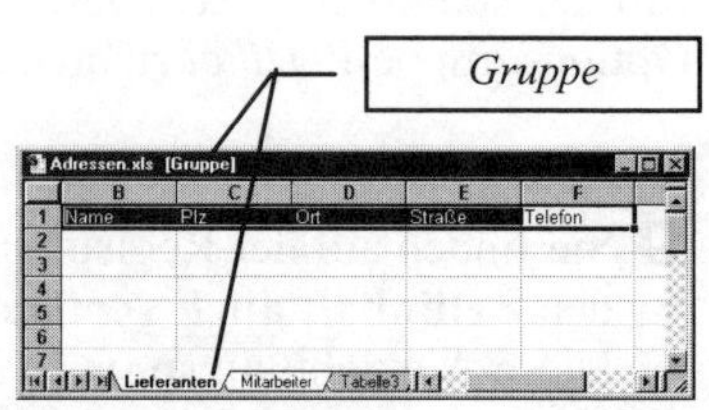

Eingabe in gruppierte Blätter und markierte Zellen

Mit der Funktion WENN() läßt sich **eine Bedingung in eine Formel einfügen**. Mit Hilfe einer Bedingung können Sie unterschiedliche Daten in einer Zelle ausgeben lassen, je nachdem, ob die Bedingung erfüllt ist oder nicht. Wenn Sie eine Funktion einsetzen, müssen Sie die Werte, mit denen die Funktion arbeiten soll, in der richtigen Reihenfolge und mit dem richtigen Datentyp übergeben. Die **Regeln für den richtigen Einsatz einer Funktion** heißen ***Funktionssyntax***; die Werte, mit denen eine Funktion arbeitet, werden ***Funktionsargumente*** genannt und in Excel durch ein Semikolon getrennt angegeben.

WENN() gehört zu den **logischen Funktionen**, die als **Ergebnis einen Wahrheitswert zurückgeben**. Dieser Wahrheitswert kann **WAHR** oder **FALSCH** sein. Die Funktion WENN() hat folgende Syntax:

```
WENN(Prüfung;Dann_Wert;Sonst_Wert)
```

- *Prüfung*: Hier geben Sie die **Bedingung** an, die geprüft werden soll. Je nachdem, ob die Prüfung WAHR oder FALSCH ergibt, wird die Anweisung im Dann_Wert oder im Sonst_Wert ausgeführt.
- *Dann_Wert*: Hier tragen Sie ein, welcher Text ausgegeben werden soll oder welche Formel gerechnet werden soll, wenn die **Bedingung zutrifft (WAHR)**.
- *Sonst_Wert*: Übergeben Sie hier die Anweisung für den Fall, daß die **Bedingung nicht erfüllt (FALSCH)** ist.

Formatvorlagen setzen Sie ein, um **Formatierungen**, die Sie immer wieder verwenden wollen, zu **speichern** und wieder aufrufen zu können. Formatvorlagen helfen Ihnen, Ihre Excel-Tabellen **einheitlich und effektiver gestalten** zu können. **Formatvorlagen werden zusammen mit der Arbeitsmappe gespeichert**. Sie lernen später noch, wie Sie Formatvorlagen von einer Arbeitsmappe in eine andere übernehmen können.

Sie können in Formatvorlagen die Formatierungen der Registerkarten *Zahlen*, *Ausrichtung*, *Schrift*, *Rahmen*, *Muster* und *Schutz* aus dem Dialogfeld *Zellen* übernehmen. Mit den **Kontrollkästchen** in der Optionsgruppe *Formatvorlage enthält* legen Sie fest, **welche Formatierung** aus der markierten Zelle **in die Formatvorlage übernommen** werden soll.

STOP Die Schaltfläche *Hinzufügen* ist abgeblendet, wenn Sie das Dialogfeld *Formatvorlage* aktivieren. Sie wird erst wählbar, wenn Sie einen neuen Namen in das einzeilige Listenfeld *Formatvorlagenname* eingegeben haben.

Normalerweise springt der Zellcursor in die Zelle unter der aktuellen Zelle, sobald Sie eine Dateneingabe mit ↵ abschließen. Beim **Ausfüllen** von **Zellen, die nebeneinanderliegen**, ist es umständlich, wenn Sie jedesmal zur Maus greifen und in die nächste Zelle klicken müssen, um dort die nächste Eingabe zu machen. Markieren Sie alle nebeneinanderliegenden Zellen, bevor Sie mit der Eingabe beginnen. Der **Zellcursor** ändert seine Richtung und **durchläuft die Zellen im markierten Bereich** nach rechts.

i Eine andere Möglichkeit, die **Richtung des Zellcursors zu verändern**, bietet Ihnen das Dialogfeld *Optionen*. Wählen Sie *Extras/Optionen*, und blenden Sie die Registerkarte *Bearbeiten* ein. Öffnen Sie die Liste *Richtung*, und wählen Sie den gewünschten Eintrag aus.

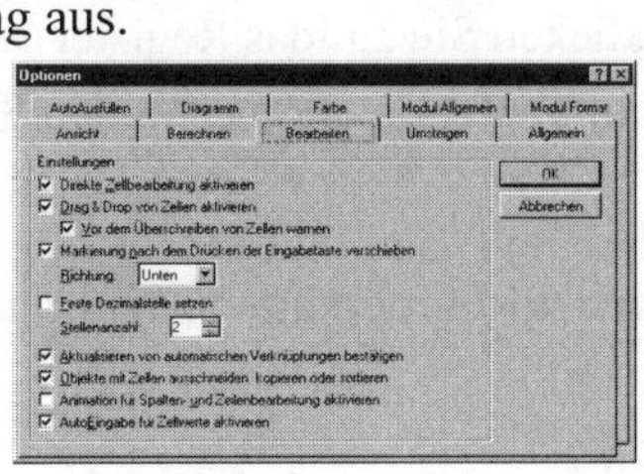

Formatvorlagen zwischen Mappen kopieren

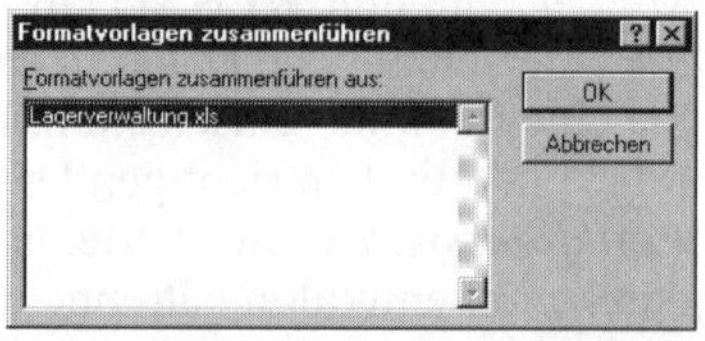

Formatvorlage kopieren

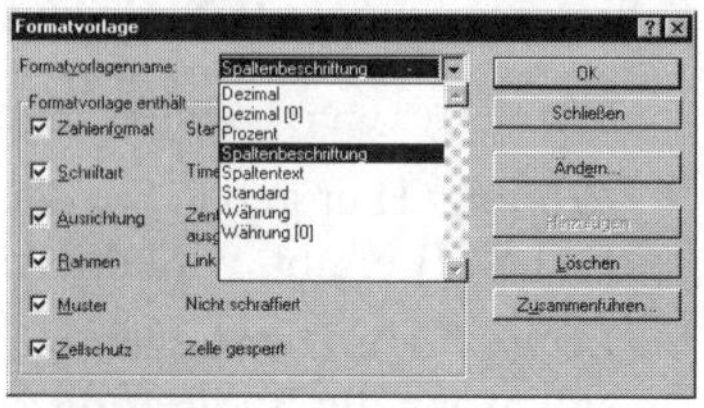

Kopierte Formatvorlagen auswählen

1. Die **eingegebenen Spaltenbeschriftungen** in den Zellen A1:F1 sind noch **markiert**.
2. Wählen Sie *Format/Formatvorlage*, und aktivieren Sie die Schaltfläche *Zusammenführen.*
3. Markieren Sie **in der Liste** *Formatvorlagen zusammenführen aus* den Eintrag *Lagerverwaltung.xls*, und klicken Sie auf *OK*.
4. Wählen Sie **aus der Liste** *Formatvorlagenname* den Eintrag *Spaltenbeschriftung*, und aktivieren Sie die Schaltfläche *OK*.
5. Markieren Sie A2:F12, und wählen Sie nochmals *Format/Formatvorlage*.
6. Wählen Sie diesmal aus der Liste *Formatvorlagenname* den Eintrag *Spaltentext*.
7. Schließen Sie das Dialogfeld mit *OK*.
8. **Markieren** Sie **in der Spalte *PLZ*** die Zellen C2:C12, und wählen Sie *Format/Zellen*.

Sonderformate einsetzen

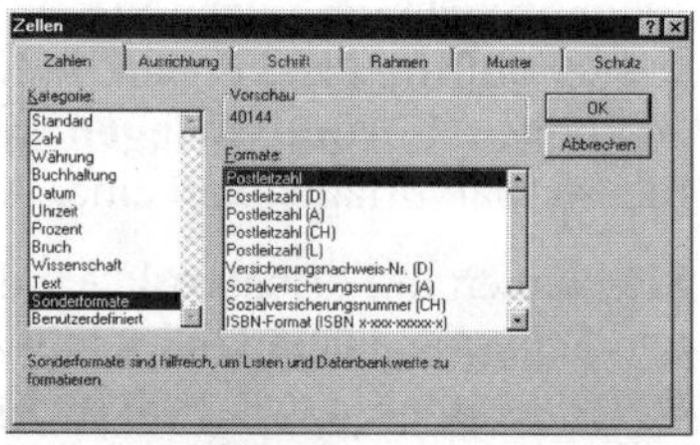

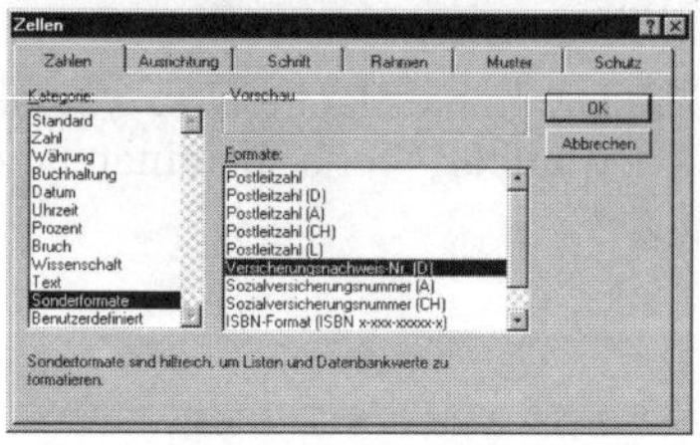

Sonderformate

1. Blenden Sie die **Registerkarte** *Zahlen* ein, und markieren Sie in der Liste *Kategorie* den Eintrag *Sonderformate*.
2. Markieren Sie in der Liste *Formate* den Eintrag *Postleitzahl*, und schließen Sie das Dialogfeld mit *OK*.
3. Klicken Sie mit der **rechten** Maustaste auf das Register *Lieferanten*, und wählen Sie den Eintrag *Gruppierung aufheben*.
4. Aktivieren Sie das Blatt *Mitarbeiter*, und **ändern** Sie die Spalte *Code* zu „Versicherungs-Nr." und *Telefon* zu „Posten".
5. Markieren Sie die Zellen A2:A12, und wählen Sie *Format/Zellen*. Aktivieren Sie in der Liste *Kategorie* den Eintrag *Sonderformate*.
6. Wählen Sie unter *Formate* den Eintrag *Versicherungsnachweis-Nr. (D)*, und schließen Sie das Dialogfeld mit *OK*.
7. Erstellen Sie die im Zusatzwissen abgebildete **Tabelle für die Lieferanten**. Die **führenden Nullen der Postleitzahlen müssen Sie nicht eingeben**.

Formular für Bestellungen entwickeln

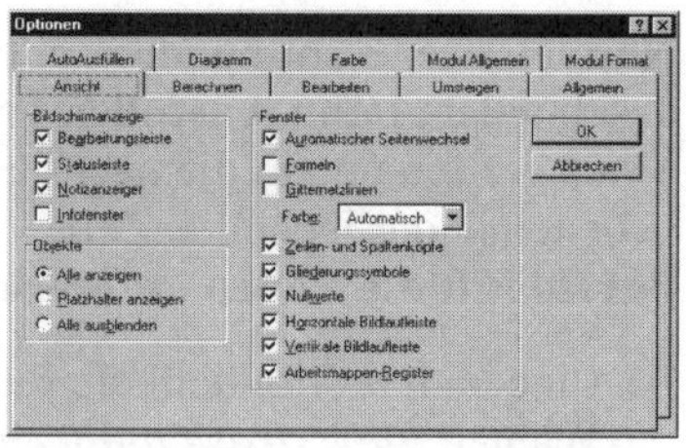

Gitternetzanzeige ausschalten

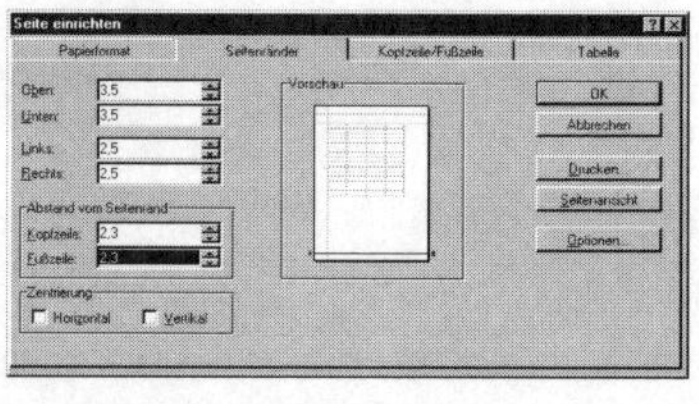

Die Seitenränder

1. Erfassen Sie die **rechts abgebildeten Mitarbeiterdaten. Die Klammern für die Versicherungsnummer müssen Sie nicht eingeben.** Speichern Sie die Arbeitsmappe nach der Eingabe.
2. Erstellen Sie mit der Schaltfläche *Neue Arbeitsmappe* [ ] eine **neue Mappe**. Wählen Sie *Extras/Optionen*, und deaktivieren Sie im Register *Ansicht* das Kontrollkästchen *Gitternetzlinien*. Schließen Sie das Dialogfeld mit *OK*.
3. Aktivieren Sie das Register *Tabelle2*. Halten Sie die **Taste** [⇧] **gedrückt**, gehen Sie an das Registerende [▶|], und klicken Sie auf das Register *Tabelle16*.
4. Klicken Sie mit der **rechten** Maustaste auf die Register, und wählen Sie den Eintrag *Löschen*.
5. **Bestätigen Sie das Löschen** der überflüssigen Blätter mit *OK*. Wählen Sie *Datei/Seite einrichten*, und tragen Sie auf der Registerkarte *Seitenränder* ein:

```
Oben:    3,5                        Rechts:     2,5
Unten:   3,5                        Kopfzeile:  2,3
Links:   2,5                        Fußzeile:   2,3
```

Bei den im Dialogfeld *Formatvorlage* in der Liste *Formatvorlagenname* enthaltenen Einträgen handelt es sich um die **Excel-Standardformatvorlagen**, wie z. B. für das *Währungsformat* oder das *Prozentformat*. Diese **Formatvorlagen** wendet Excel an, wenn Sie die **gleichnamigen Schaltflächen anklicken**.

Dezimal
Dezimal [0]
Prozent
Standard
Währung
Währung [0]

Sie können auch **diese Formatvorlagen ändern**, um z. B. das Standardprozentformat immer mit zwei Dezimalstellen zu gestalten. Sie markieren dazu einen Eintrag der Liste, aktivieren die Schaltfläche *Ändern* und führen die gewünschten Änderungen durch.

Die Formate *Währung* und *Dezimal* tauchen zweimal in der Liste *Formatvorlagenname* auf. Der zweite Eintrag ist mit einer eingeklammerten Null (0) gekennzeichnet. *Währung* und *Dezimal* haben **zwei Dezimalstellen**, während *Währung (0)* und *Dezimal (0)* **Dezimalstellen aufrunden**.

Die Lieferanten

Adressen.xls

	A	B	C	D	E	F
1	Code	Name	Plz	Ort	Straße	Telefon
2	101	Meier AG	40144	Düsseldorf	Rheinuferweg 45	0211 778899
3	102	Elektro-Fischer	01159	Dresden	Florastr. 11	0351 123123
4	103	Elektro-Vertrieb Horst	49811	Lingen	Kopernikusstr. 123	0591 345678
5	104	Hansen & Söhne	51061	Köln	Wupperweg 34	0221 456789
6	105	Reimann	04349	Leipzig	Donarstr. 78	0341 566788
7	106	Elektrogroßhandel Friedrichs	81825	München	Talerweg 64	089 102030
8	107	KR Elektro GmbH	07749	Jena	Rabenstieg 13	03641 571295
9	108	Friesenhandel	47228	Duisburg	Am Dreieck 8	0203 454532
10	109	Elektrogroßhandel Görlitz	59077	Hamm	Hägerweg 1	02381 34521
11	110	Trusent-Elektro	47443	Moers	Jahnstr. 88	02841 7331
12	111	Elektro-Ziesel	13158	Berlin	Nelkenweg 205	030 41532
13						

Lieferanten / Mitarbeiter / Tabelle3 / Tabelle4 / Tabelle

Die Mitarbeiter

Adressen.xls

	A	B	C	D	E	F
1	Versicherungs-Nr.	Name	Plz	Ort	Straße	Posten
2	[53101057F456]	Marion Friedrichs	40489	Düsseldorf	Am Mühlenturm 34	Sekretariat
3	[13060944K123]	Hugo Kantert	40213	Düsseldorf	Breite Str. 14	Elektriker
4	[13240659S112]	Heinz Schulten	40221	Düsseldorf	Bremer Str. 13	Elektriker
5	[13120854H450]	Markus Hubmann	42857	Wuppertal	Brucher Kotten 7	Elektriker
6	[53270952S398]	Ellen Schicht	42103	Wuppertal	Calvinstr. 90	Verkäuferin
7	[53061260A334]	Karl-Heinz Ahrend	42285	Wuppertal	Dachstr. 101	Versand
8	[13141160M776]	Siegfried Möller	40229	Düsseldorf	Deutzer Str. 88	Sekretariat
9	[53010564H232]	Gundula Haar	40227	Düsseldorf	Ellerstr. 187	Verkäufer
10	[53300561K232]	Bernhard Knötter	40274	Hilden	Gartenstr. 70	Verkäufer
11	[53221241F456]	Roland Friesen	40723	Hilden	Kantstr. 55	Sekretariat
12	[53071154T285]	Sabine Treu	40721	Hilden	Neumarkt 4	Verkäuferin
13						

Lieferanten / Mitarbeiter / Tabelle3 / Tabelle4 / Tabelle

Benutzerdefinierte Kopf- und Fußzeile

1. Aktivieren Sie die **Registerkarte** *Kopfzeile/Fußzeile*, und betätigen Sie die Schaltfläche *Benutzerdefinierte Kopfzeile.*
2. **Löschen Sie den Eintrag** im Feld *Mittlerer Bereich* mit [Entf], und aktivieren Sie die Schaltfläche *Schrift* [A].
3. Wählen Sie die Schriftart *Times New Roman, Fett* und im Schriftgrad „14", und aktivieren Sie die Schaltfläche *OK.*
4. Geben Sie **folgenden Absender** in das Feld *Mittlerer Bereich* ein:

   `Elektro-Lux, Industriestr. 11, 40175 Düsseldorf`
5. Schließen Sie das Dialogfeld mit *OK,* und aktivieren Sie *Benutzerdefinierte Fußzeile.* Klicken Sie im Feld *Mittlerer Bereich* **hinter den Standardeintrag,** und schreiben Sie:

   [Leertaste] von [Leertaste]
6. Klicken Sie auf die Schaltfläche *Seitenanzahl* [icon], und aktivieren Sie die Schaltfläche *OK.* Schließen Sie das Dialogfeld *Seite einrichten* mit *OK.*

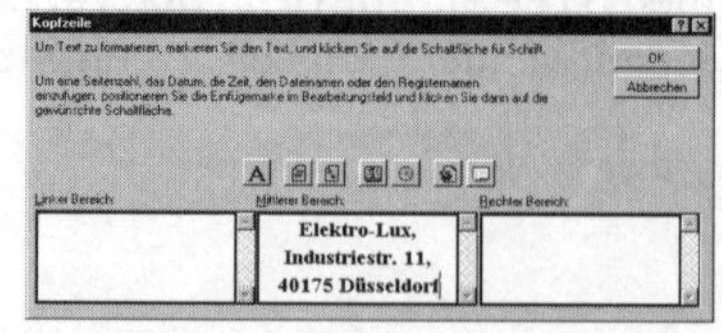

Benutzerdefinierte Kopfzeile

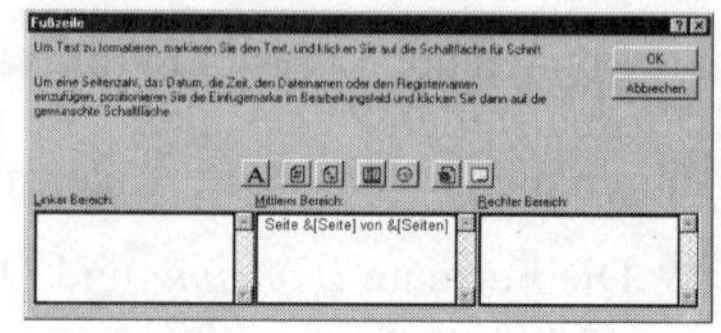

Benutzerdefinierte Fußzeile

Daten per Verweisfunktion einlesen

1. Klicken Sie in die Zelle E2, und schreiben Sie dort:

   `Liefercode`
2. Markieren Sie Zelle F2, und weisen Sie mit Hilfe der *Rahmenlinien-Palette* einen **fetten Gesamtrahmen** zu.
3. Klicken Sie in Zelle A5, und aktivieren Sie den *Funktions-Assistenten* [fx].
4. Aktivieren Sie in der Liste *Kategorie* den Eintrag *Matrix* und in der Liste *Funktion* den Eintrag *SVERWEIS.*
5. Blenden Sie den **nächsten Schritt** des Funktions-Assistenten mit *Weiter* ein.
6. Der Cursor blinkt im Feld *Suchkriterium.* Klicken Sie auf die Zelle F2, und drücken Sie die Taste [F4], um einen **absoluten Bezug zu erstellen.**
7. Setzen Sie den Cursor in das Textfeld *Matrix.*
8. Öffnen Sie das *Fenster*-Menü, und wählen Sie den Eintrag *Adressen.xls.*

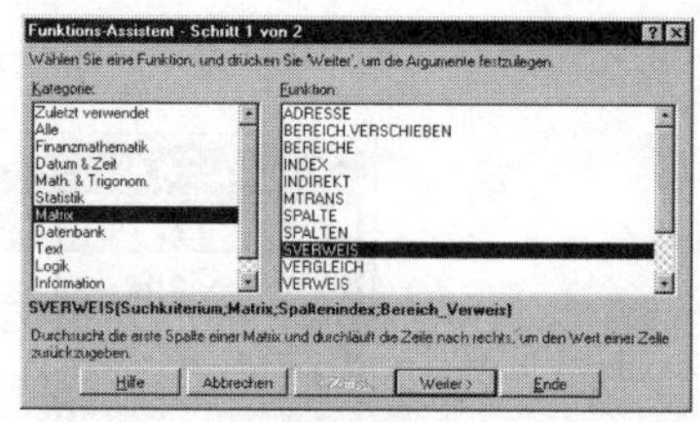

Eine Matrixfunktion

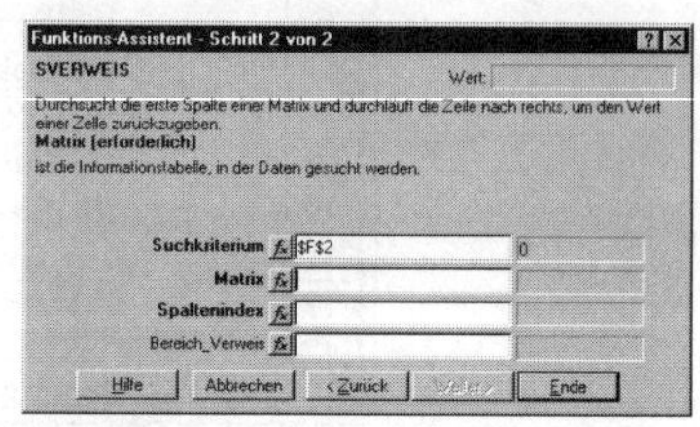

Ein absoluter Bezug zum Suchkriterium

Lieferantenadresse übernehmen

1. Markieren Sie in der Tabelle *Lieferanten* den Bereich A1:F12, und klicken Sie in das Feld *Spaltenindex.*
2. Geben Sie „2" ein, und setzen Sie den Cursor **in das letzte Textfeld** im Dialogfeld des Funktions-Assistenten.
3. Geben Sie dort ein:

   `FALSCH`
4. Schließen Sie das Dialogfeld mit der Schaltfläche *Ende* und die Zellbearbeitung mit [↵].
5. **Kopieren Sie die Funktion** mit den Schaltflächen *Kopieren* [icon] und *Einfügen* [icon] in die Zellen A6 und A8.
6. Klicken Sie auf die Zelle A6 und auf die Schaltfläche *Funktions-Assistent* [fx]. **Ändern Sie das dritte Argument** *Spaltenindex* **von 2 zu „5"**, und schließen Sie das Dialogfeld mit *Ende.*

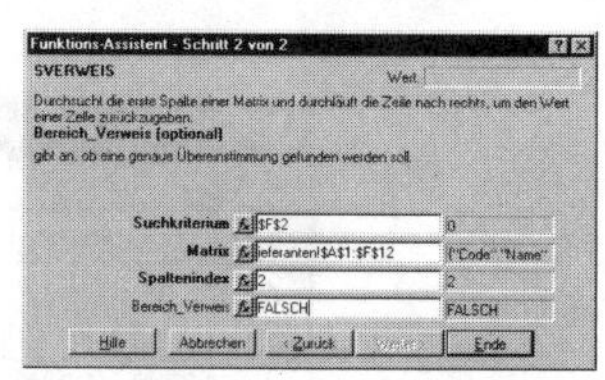

Die Funktion mit allen Argumenten

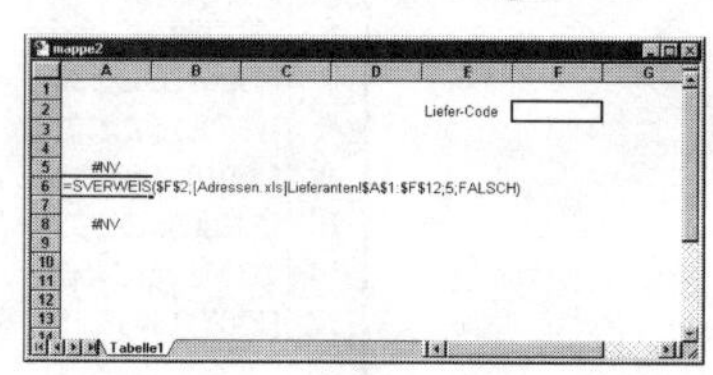

Das dritte Argument ändern

Kopfzeilen werden im **oberen Seitenrand**, **Fußzeilen** im **unteren Seitenrand auf jeder Seite eines Arbeitsblattes ausgedruckt**. Da Sie bereits fortgeschrittener Excel-Anwender sind, haben Sie sicher festgestellt, daß Excel jedes Arbeitsblatt mit einer Standardkopf- und Fußzeile ausdruckt. In der **Standardkopfzeile** wird der **Name des Arbeitsblattes**, in der **Standardfußzeile** die **Seitenzahl** ausgegeben.

Sie können zusätzlich zwischen verschiedenen vorgegebenen Kopfzeilen und Fußzeilen wählen, wenn Sie die Liste *Kopfzeile* oder *Fußzeile* im Dialogfeld *Seite einrichten* auf der Registerkarte *Kopfzeile/Fußzeile* öffnen. Auf die links beschriebene Art stellen Sie Ihre eigenen Kopf- und Fußzeilen zusammen.

Falls Sie die **Kopf- und/oder Fußzeile ganz unterdrücken** wollen, wählen Sie aus der Liste *Kopfzeile* bzw. *Fußzeile* den jeweils obersten Eintrag *(keine)*.

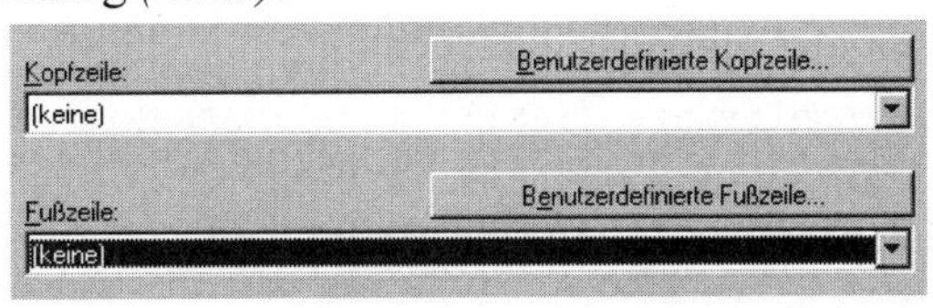

Die Matrixfunktion SVERWEIS() ist eine sehr praktische Funktion. Sie können diese Funktion wie hier einsetzen, um Daten automatisch in Zellen einlesen zu lassen. Setzen Sie SVERWEIS() mit folgender Syntax ein:

```
SVERWEIS(Suchkriterium;Matrix;Spaltenindex;Bereich_Verweis)
```

- *Suchkriterium*: Geben Sie hier den Zellbezug zu der Zelle an, in der der Wert eingegeben ist oder wird, der als Suchkriterium zur Identifikation des gewünschten Datensatzes dienen soll.
- *Matrix*: Hier geben Sie Bezüge zur linken oberen sowie zur rechten unteren Zelle der Tabelle an, die Sie durchsuchen wollen.
- *Spaltenindex*: Tragen Sie hier die Nummer der Spalten ein, aus der Excel den gesuchten Wert entnehmen und zurückgeben soll. Sie können **nicht den Spaltenbuchstaben** verwenden, sondern müssen die Nummer einsetzen!
- *Bereich_Verweis*: Ein **optionales Argument**, mit dem Sie angeben, ob Sie eine genaue Übereinstimmung suchen.

Der **Fehlerwert #NV** wird ausgegeben, wenn SVERWEIS() den Wert in der Suchspalte nicht gefunden hat. Dabei wird **keine Unterscheidung** zwischen einem **fehlenden** und einem **falschen Wert** gemacht.

Die Funktion SVERWEIS() gehört zu den **Matrixfunktionen**. Diese Funktionen setzen Sie ein, um einen **Datenbereich nach bestimmten Werten zu durchsuchen**. Excel verfügt über viele Matrixfunktionen, deren Bedeutungen sich zum Teil sehr ähneln. Hier noch einige wichtige Beispiele:

- *VERGLEICH(Suchkriterium;Suchmatrix;Vergleichstyp)*
  Diese Funktion durchsucht einen Bezug oder eine Matrix und **gibt** im Gegensatz zum SVERWEIS() nicht den Wert, sondern die **Position des Suchkriteriums zurück**.
- *WVERWEIS(Suchkriterium;Matrix;Zeilenindex;Bereich_Verweis)*
  Das Gegenstück zum SVERWEIS() setzen Sie ein, um nicht die erste Spalte, sondern **die erste Zeile einer Matrix zu durchsuchen**. Sie verwenden diese Funktion, wenn eine Tabelle so aufgebaut ist, daß die Werte, die Sie suchen, in den Zellen nebeneinander und nicht untereinander eingetragen sind. Die Funktion arbeitet sonst genauso wie SVERWEIS().
- *ZEILEN(Matrix)* und *SPALTEN(Matrix)*
  Liefern die **Anzahl der Zeilen** oder **Spalten einer Matrix**. Sie können diese Funktion einsetzen, um automatisch überprüfen zu lassen, wie groß eine Tabelle ist.

PLZ und Ort verketten

1. Doppelklicken Sie auf die Zelle A8, und **markieren** Sie den kompletten **Zellinhalt ohne das Gleichheitszeichen.**
2. Aktivieren Sie die Schaltfläche *Kopieren*, drücken Sie die Taste [Ende].
3. Geben Sie ein:

```
& " " &
```

4. Aktivieren Sie die Schaltfläche *Einfügen*.
5. **Ändern Sie das dritte Argument im ersten Bezug** von **2 zu „3“** sowie **im zweiten Bezug von 2 zu „4“**, und schließen Sie die Zellbearbeitung mit [↵].
6. Die **komplette Formel** muß nun folgendermaßen aussehen:

```
=SVERWEIS($F$2;[Adressen.xls]Lieferanten!$A$1:$F$12;3;FALSCH)&" "&
SVERWEIS($F$2;[Adressen.xls]Lieferanten!$A$1:$F$12;4;FALSCH)
```

7. Geben Sie **probehalber den Lieferantencode „101“ in F2 ein,** und **prüfen Sie das Ergebnis.**

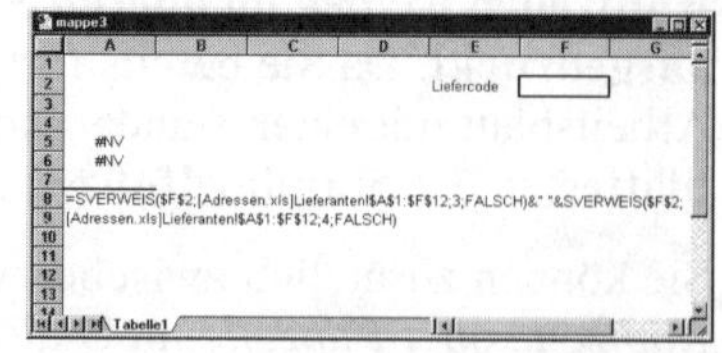

Die Formel ...

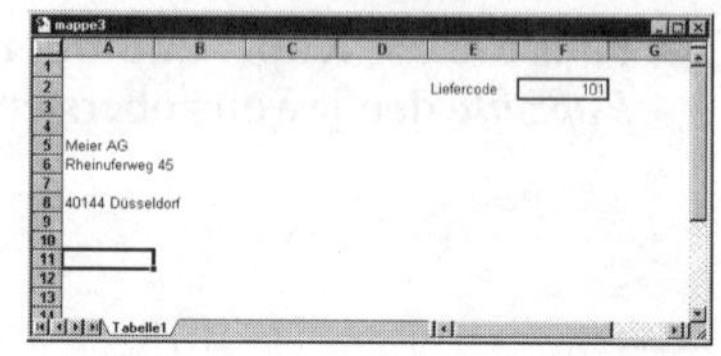

... und die automatisch eingelesene Lieferantenadresse

Funktionen schachteln

1. **Erstellen Sie das im Zusatzwissen abgebildete Bestellformular.** Die Spaltenüberschriften sind fett mit einer Linie unten, die Spalten bis in Zeile 30 mit Linien rechts gestaltet.
2. Klicken Sie in die Zelle A18, und aktivieren Sie die Schaltfläche *Funktions-Assistent*.
3. Markieren Sie in der Liste *Kategorie* den Eintrag *Logik*.
4. Wählen Sie aus der Liste *Funktion* den Eintrag *WENN*, und aktivieren Sie die Schaltfläche *Weiter*.
5. Der Cursor blinkt im Feld *Prüfung*. Klicken Sie auf die Schaltfläche *Funktions-Assistent* vor dem Feld.
6. Markieren Sie in der Liste *Kategorie* den Eintrag *Information* sowie bei *Funktion* den Eintrag *ISTZAHL*, und aktivieren Sie die Schaltfläche *Weiter*.
7. Klicken Sie in der Tabelle auf die Zelle B18, und aktivieren Sie im Dialogfeld die Schaltfläche *OK*.

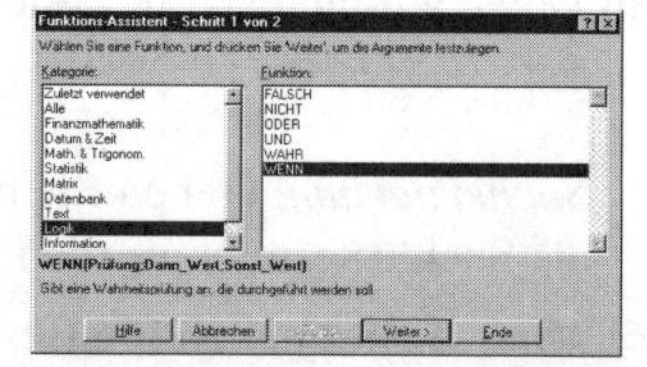

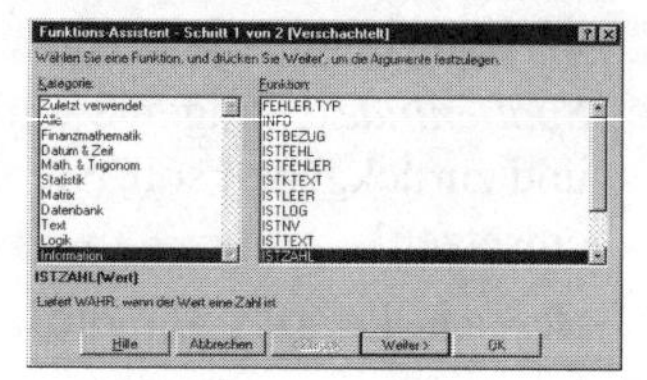

Verschachtelte Funktionen

Die Anzeige von Fehlerwerten unterdrücken

1. Geben Sie in das Feld *Dann_Wert* „1“ ein, und lassen Sie den *Sonst_Wert* frei. Schließen Sie das Dialogfeld mit *Ende* und die Zellbearbeitung mit [↵].
2. Prüfen Sie das Ergebnis, markieren Sie die Formel, und aktivieren Sie nochmals den *Funktions-Assistenten*.
3. Ergänzen Sie im Textfeld *Sonst_Wert* **zwei leere Anführungszeichen**. Aktivieren Sie die Schaltfläche *Ende*, bestätigen Sie mit [↵], und kopieren Sie die Formel in die Zelle A19.
4. Doppelklicken Sie auf die kopierte Formel, und ändern Sie diese zu

```
=WENN(ISTZAHL(B19);A18+1;"")
```

5. Bestätigen Sie mit [↵], und kopieren Sie die veränderte Formel nach A20:A30. **Ergänzen Sie die Formel in A5 zu**

```
=WENN(ISTZAHL(F2);SVERWEIS($F$2;[Adressen.xls]Lieferanten!
$A$1:$F$12;2;FALSCH);"")
```

6. **Ändern Sie die Formeln in A6 und A8 sinngemäß.**

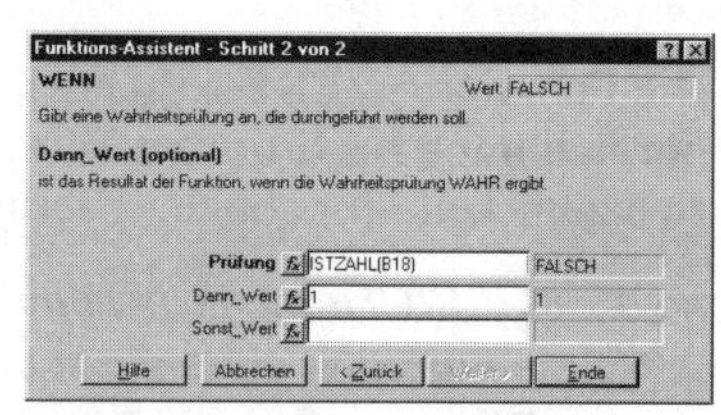

Der letzte Schritt

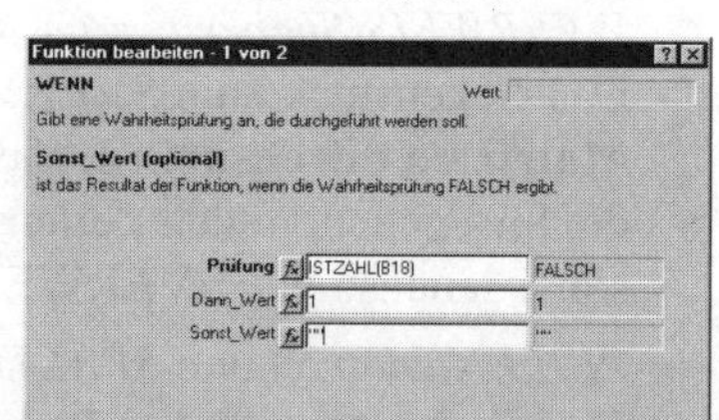

Der ergänzte Sonst_Wert

Sie **verketten** in diesem Bearbeitungsschritt die **Plz mit dem Ort** und **fügen zwischen beiden ein Leerzeichen ein**. Damit Sie die aufwendige Formel für den SVERWEIS() nicht einmal für die PLZ und ein zweites Mal für den Ort eingeben müssen, kopieren Sie die Daten innerhalb der Bearbeitungszeile. **Beim Verketten können Sie den Inhalt mehrerer Einzelzellen in einer Zielzelle zusammenfassen**. Zum Verketten läßt sich **entweder** der **Verkettungsoperator „&" oder die Funktion VERKETTEN()** einsetzen:

- Wenn Sie den Verkettungsoperator verwenden, setzen Sie zwischen alle Zellinhalte das Zeichen „&". Sollen Zeichenkonstanten eingefügt werden, setzen Sie diese in Anführungszeichen.
- Die Funktion VERKETTEN() gehört zur Kategorie *Text* und hat beliebig viele Argumente. Wollen Sie die Funktion VERKETTEN() einsetzen, halten Sie sich an folgende Syntax:

```
VERKETTEN(Text1;Text2;Text...)
```

Text1 bis n kann ein **Bezug auf eine Zelle** oder eine **Zeichenkonstante** sein, die Sie **auch hier in Anführungszeichen setzen**.

	A	B	C	D	E	F
14	Bestellung					
15						
16						
17	Lfd-Nr.	Artikel-Nr.	Artikel-Name	Einzelpreis	Bestellmenge	Gesamtpreis
18						
19						
20						
21						
22						
23						
24						
25						
26						
27						
28						
29						
30						

Als verschachtelte Funktion wird eine Funktion bezeichnet, die als Argument wieder eine Funktion einsetzt. Damit Sie **Funktionen verschachteln** können, bietet Ihnen Excel die **Schaltfläche für den Funktions-Assistenten vor jedem Textfeld für ein Funktionsargument** an.

Die Funktion ISTZAHL() gehört zu den Funktionen der Kategorie *Information*. Sie **prüft**, ob **in einer Zelle ein numerischer Wert enthalten ist**, und liefert den Wert **WAHR** zurück, wenn dies zutrifft, oder **FALSCH**, falls die **Zelle leer ist** oder **einen anderen Datentyp enthält**. Die Funktion benötigt als Argument nur den Zellbezug der zu prüfenden Zelle:

```
ISTZAHL(Wert)
```

Ähnliche Funktionen, wie ISTTEXT(), ISTBEZUG(), ISTFEHLER, ISTNV, ISTLEER(), ISTLOG(), prüfen, ob Text, ein Zellbezug, ein Fehlerwert, ein beliebiger Zellinhalt oder ein Wahrheitswert in der Zelle enthalten ist.

Wenn Sie **vor Aufruf des Funktions-Assistenten** genau wissen, welche Funktion Sie einsetzen wollen, können Sie das Verfahren abkürzen, indem Sie **zuerst den Funktionsnamen schreiben** und dann erst den Funktions-Assistenten aufrufen.
Sie können den **Funktions-Assistenten auch zur Bearbeitung** einer bereits eingegebenen Funktion einsetzen. Markieren Sie die Zelle mit der Funktion, und aktivieren Sie den Funktions-Assistenten. Excel zeigt das Dialogfeld *Funktion bearbeiten* an, und Sie können die Funktionsargumente bearbeiten.

Mappen ausblenden und anordnen

1. Aktivieren Sie die Mappe *Adressen.xls*, und wählen Sie *Fenster/Ausblenden*.
2. Wählen Sie *Fenster/Anordnen*, und markieren Sie die Optionsschaltfläche *Vertikal*.
3. Schließen Sie das Dialogfeld mit *OK*.
4. Klicken Sie in der Bestellung **auf die Zelle C18**, und aktivieren Sie den *Funktions-Assistenten* [fx].
5. Markieren Sie in der Liste *Kategorie* den Eintrag *Matrix* und in der Liste *Funktion* den Eintrag *SVERWEIS*.
6. Aktivieren Sie die Schaltfläche *Weiter*. Stellen Sie für das *Suchkriterium* den **Bezug zur Zelle B18** her.
7. Setzen Sie den Cursor in das Feld *Matrix*, und markieren Sie in der Tabelle *Artikelliste* den Tabellenbereich A1:I16.
8. Geben Sie bei *Spaltenindex* „2" ein, und aktivieren Sie die Schaltfläche *Ende*. **Geben Sie die nicht vorhandene Artikelnummer „120" in B18 ein.**

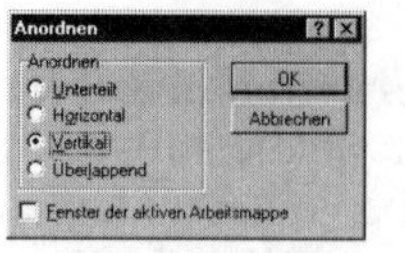

Vertikal anordnen

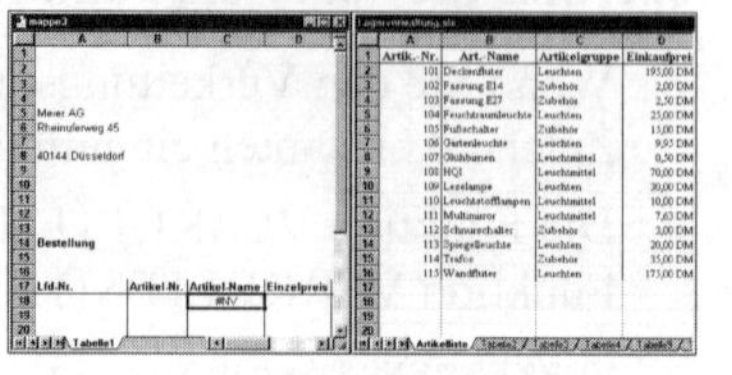

Die beiden Tabellen

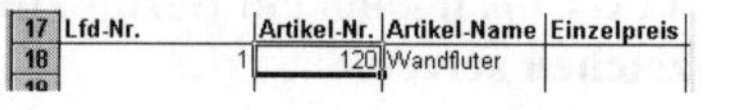

Die Funktion gibt den falschen Wert zurück

Übereinstimmung suchen

1. **Doppelklicken** Sie auf C18, und ergänzen Sie **die Formel zu folgendem Ausdruck**:

```
=WENN(ISTZAHL(B18);SVERWEIS(B18;[Lagerverwaltung.xls]
Artikelliste!$A$1:$I$16;2;FALSCH);"")
```

2. Schließen Sie die Zellbearbeitung mit [↵] ab.
3. **Prüfen Sie erneut die Ausgabe** mit einer **korrekten Artikelnummer.** Der Artikelname muß eingelesen werden.
4. **Löschen Sie die Artikelnummer**, um die Ausgabe bei fehlender Nummer zu prüfen. Die Ausgabe wird unterdrückt.
5. **Prüfen Sie** als letztes die **Eingabe einer falschen Artikelnummer**. Das Ergebnis muß der Fehlerwert #NV sein.

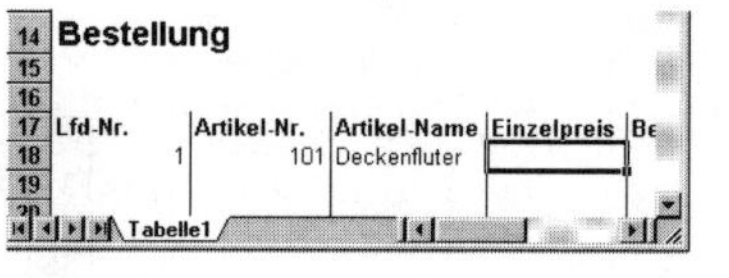

Eine korrekte Artikelnummer

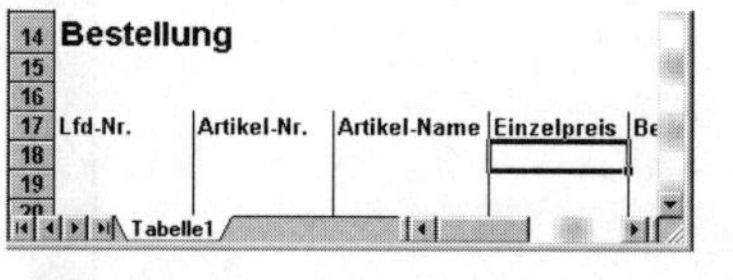

Fehlende Artikelnummer

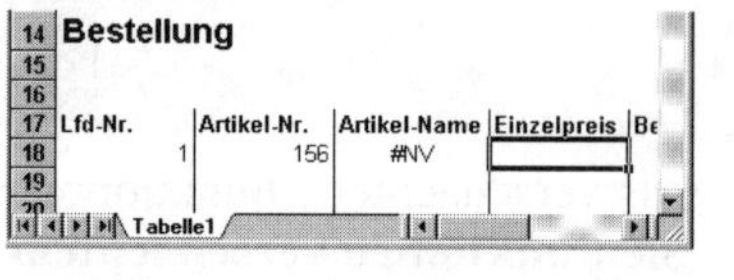

Nicht vorhandene Artikelnummer

Die Funktion UND

1. **Löschen Sie die Formel in Zelle C18**, und schreiben Sie statt dessen folgende Formel:

```
=WENN(UND(ISTZAHL(B18);NICHT(ISTZAHL(VERGLEICH(B18;[Lagerverwal-
tung.xls]Artikelliste!$A$2:$A$16;0))));"Falsche Artikelnummer";"")
```

2. Bestätigen Sie die Eingabe, und **prüfen Sie das Ergebnis** der bisherigen Formel. Geben Sie dann eine **korrekte Artikelnummer** ein, und prüfen Sie auch das Ergebnis, wenn keine Artikelnummer vorhanden ist.
3. Doppelklicken Sie auf C18, und **ergänzen Sie die Formel zu folgendem Gesamtausdruck**:

```
=WENN(UND(ISTZAHL(B18);NICHT(ISTZAHL(VERGLEICH(B18;[Lagerverwal-
tung.xls]Artikelliste!$A$2:$A$16;0))));"Falsche
Artikelnummer";WENN(ISTLEER(B18);"";SVERWEIS(B18;[Lagerverwal-
tung.xls]Artikelliste!$A$1:$I$16;2;FALSCH)))
```

4. Prüfen Sie erneut die Formel mit der Eingabe einer korrekten, einer nicht korrekten und der fehlenden Artikelnummer.

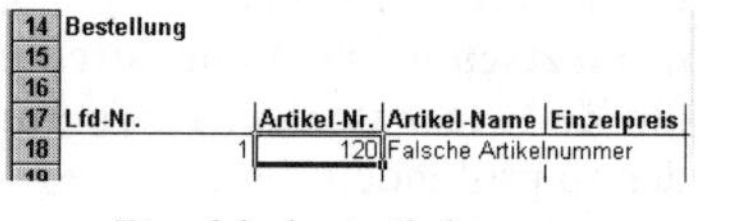

Eine falsche Artikelnummer

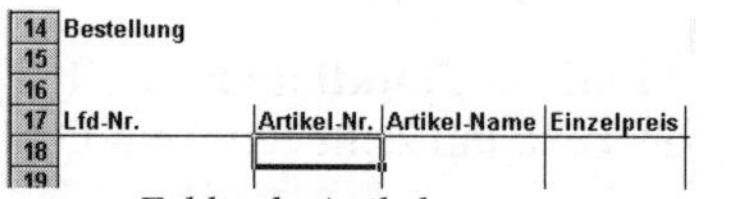

Fehlende Artikelnummer

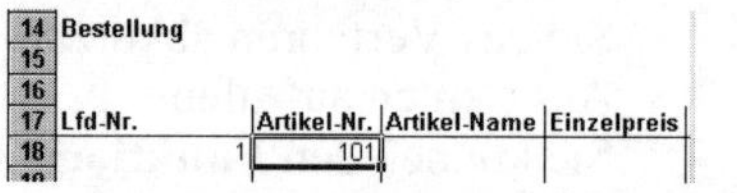

Für die richtige Artikelnummer ist die Formel noch unvollständig

Wenn Sie eine **Mappe momentan nicht mehr benötigen, aber nicht schließen wollen**, können Sie diese ausblenden. Sie nimmt dann z. B., wie hier bei der Anordnung der Mappen, keinen überflüssigen Platz auf dem Bildschirm ein.

Falls Sie eine **ausgeblendete Mappe schließen, ohne sie wieder einzublenden, wird sie beim nächsten Öffnen automatisch ausgeblendet**. Wollen Sie eine ausgeblendete Mappe später wieder einblenden, wählen Sie *Fenster/Einblenden*, markieren den Namen der Mappe, die eingeblendet werden soll, und bestätigen mit *OK*.

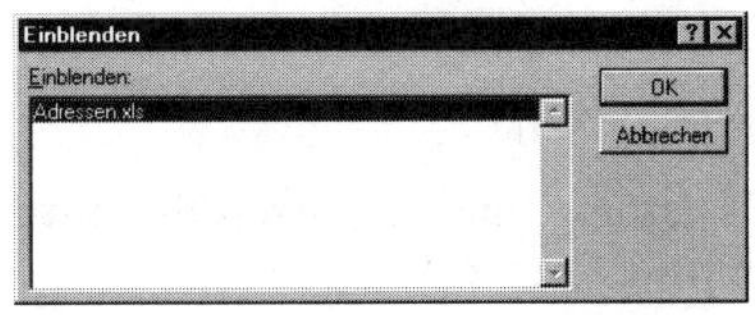

Es lassen sich **auch Arbeitsblätter ausblenden**, die Sie gerade nicht benötigen. Verwenden Sie für diesen Fall die Befehle *Format/Blatt/Ausblenden* und *Format/Blatt/Einblenden.*

Die meisten **Suchfunktionen**, wie auch die Funktion SVERWEIS(), **liefern** entweder das **gewünschte Ergebnis** zurück oder, **falls sie erfolglos gesucht haben**, **den Fehlerwert #NV**.

Die Funktion SVERWEIS() **sucht nach einer Übereinstimmung** oder gibt, falls diese nicht gefunden wird, den **nächstkleineren Eintrag der Spalte zurück**. Dies können Sie gut einsetzen, wenn Sie eine Liste durchsuchen und bei allen Werten, die einen bestimmten Wert überschreiten, den Höchstwert zurückgeben wollen, z. B. wenn bei allen Rechnungssummen, die einen bestimmten Wert überschreiten, der Höchstrabatt gewährt werden soll.

Muß jedoch wie im Beispiel eine **genaue Übereinstimmung zurückgegeben** werden, so **müssen Sie das letzte Argument** *Bereich_Verweis* mit FALSCH angeben.

Falls Sie das Argument *Bereich_Verweis* weglassen oder mit WAHR eingeben, **muß die Spalte**, die durchsucht wird, **aufsteigend sortiert** sein; bei FALSCH spielt die Reihenfolge keine Rolle.

Sie können kompliziert verschachtelte Formeln Stück für Stück aufbauen, indem Sie optionale Argumente erst einmal weglassen und Fehlerwerte vorläufig akzeptieren. Perfektionieren Sie dann nach und nach den Gesamtausdruck. Im Beispiel wurde für den *Sonst_Wert* zuerst eine leere Anzeige vereinbart, deshalb **fehlt die Anzeige auch bei der korrekten Artikelnummer**. Sie ergänzen dazu noch den SVERWEIS, der den Artikelnamen automatisch einfügt.

Das Problem, das es hier zu lösen gilt, liegt darin, daß die Rückgabe sowohl bei der fehlenden als auch bei der falschen Artikelnummer gleich ist. Es sollen aber für beide Fälle verschiedene Ergebnisse erzielt werden. Die Funktion **UND()** prüft deshalb, ob eine **Artikelnummer eingegeben** wurde **und** ob diese **in der Spalte A der Lagerliste enthalten ist**. Die Funktion **VERGLEICH() durchsucht** die **erste Spalte** nach der eingegebenen **Artikelnummer**. Wird das Suchkriterium gefunden, gibt die Funktion dessen Position in der Matrix zurück. Wird das Suchkriterium nicht gefunden, gibt die Funktion den Fehlerwert #NV zurück. Sie können deshalb in Verbindung mit ISTZAHL() überprüfen, ob eine **gültige Artikelnummer eingegeben wurde oder nicht**.

Die Funktion ISTLEER() überprüft, ob **in einer Zelle ein Inhalt vorhanden ist**. Hier wird in Kombination mit WENN() geprüft, ob bereits eine Artikelnummer eingegeben wurde. Ist dies nicht der Fall, wird die Anzeige unterdrückt.

Die Funktion ODER

1. **Kopieren** Sie die Formel in die Zellen C19:C30 und **nach rechts** in D18.
2. **Doppelklicken** Sie in D18, und **ändern Sie die kopierte Formel zu folgendem Ausdruck**:

```
=WENN(ODER(ISTLEER(B18);NICHT(ISTZAHL(VERGLEICH(B18;[Lagerverwal-
tung.xls]Artikelliste!$A$2:$A$16;0))));"";SVERWEIS(B18;[Lagerver-
waltung.xls]Artikelliste$A$1!:$I$16;4;FALSCH))
```

3. **Kopieren** Sie diese Formel **nach unten** bis in D30. Fügen Sie in F18 ein:

```
=WENN(ISTZAHL(E18);E18*D18;"")
```

4. **Kopieren** Sie die Formel **nach unten** bis in Zelle F30.
5. Maximieren Sie das Fenster der Bestellung, und **ergänzen Sie unter der Tabelle folgende Beschriftungen und Formeln**:

```
E34: SUMME        E35: Mwst.       E36: Gesamt
F34: =WENN(ISTZAHL(F18);SUMME(F18:F30);"")
F35: =WENN(ISTZAHL(F18);F34*15%;"")
F36: =WENN(ISTZAHL(F18);SUMME(F34:F35);"")
```

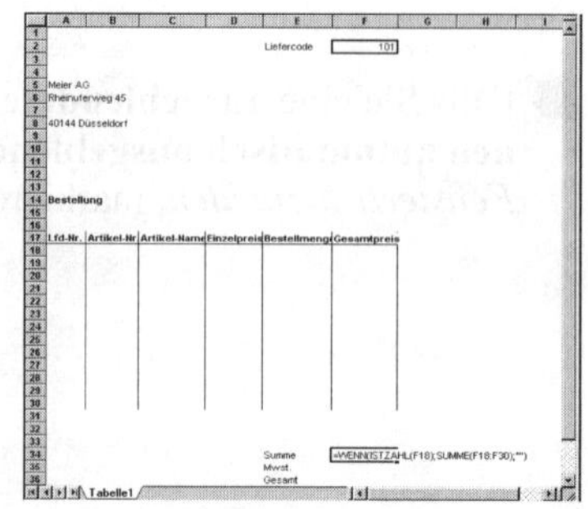

Die Formel für die Summe

Bestellung als Mustervorlage speichern

1. Klicken Sie auf F5, und fügen Sie das **aktuelle Tagesdatum als Funktion** ein:

```
=HEUTE()
```

2. Markieren Sie D18:D30 und, **bei gedrückter Taste** [Strg], F18:F30, F34:F36. Aktivieren Sie die Schaltfläche *Währungsformat*.
3. Markieren Sie E36:F36, und wählen Sie aus der *Rahmenlinien-Palette* eine **einfache Linie oben** und eine **doppelte Linie unten**. Aktivieren Sie die Schaltfläche *Fett* [F].
4. Markieren Sie B18:B30 und, bei **gedrückter Taste** [Strg], zusätzlich die Zellen F2 und E18:E30. Aktivieren Sie *Format/Zellen*, wählen Sie auf der Registerkarte *Muster* eine beliebige Farbe, und bestätigen Sie mit *OK*.
5. Wählen Sie *Datei/Speichern*, geben Sie bei *Dateiname* „Bestellung“ ein, und wählen Sie den **Dateityp** *Mustervorlage (*.xlt)*. Klicken Sie auf *Speichern*.
6. Wählen Sie *Fenster/Einblenden*, markieren Sie *Adressen.xls* und *OK*. **Speichern** und **schließen Sie diese Mappe**.

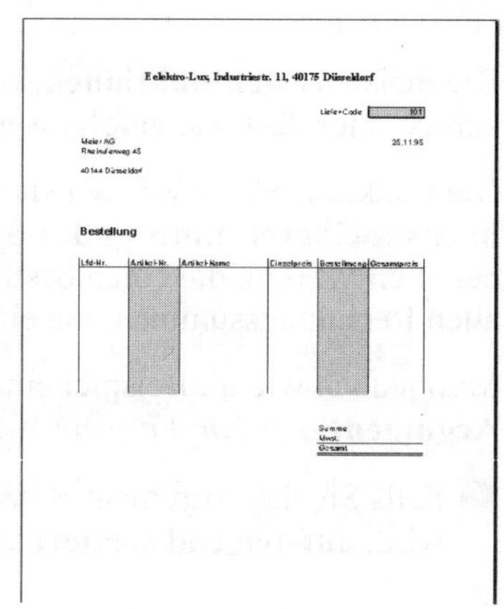

Die fertige Bestellung

Preiskalkulation mit Hilfe der Zielwertsuche

1. **Drucken** und **schließen** Sie die *Bestellung.xlt*, und **aktivieren Sie in der Mappe** *Lagerverwaltung.xls*. das Blatt *Tabelle2*. Geben Sie ein:

```
A1: Umsatz Leuchten, Leuchtmittel und Zubehör
A3: Summe Einkauf                B3: 65.123
A4: Aufschlag                    B4: 25%
A5: Verkauf                      B5: =B3+B3*B4
A6: Gewinn                       B6: =B5-B3
```

2. **Formatieren** Sie B3;B5 und B6 im *Währungsformat*, passen Sie die Spaltenbreite an, und markieren Sie B6.
3. Wählen Sie *Extras/Zielwertsuche*, und geben Sie bei *Zielwert* ein:

```
20000
```

4. Klicken Sie in das Feld *Veränderbare Zelle*, und **markieren Sie B4**. Starten Sie die Zielwertsuche mit *OK*. Bestätigen Sie das Ergebnis mit *OK*, und **ändern Sie die Formel** in der *Artikelliste* in E2 zu „D2*1,31“. **Kopieren** Sie die Formel nach unten **bis E16**.

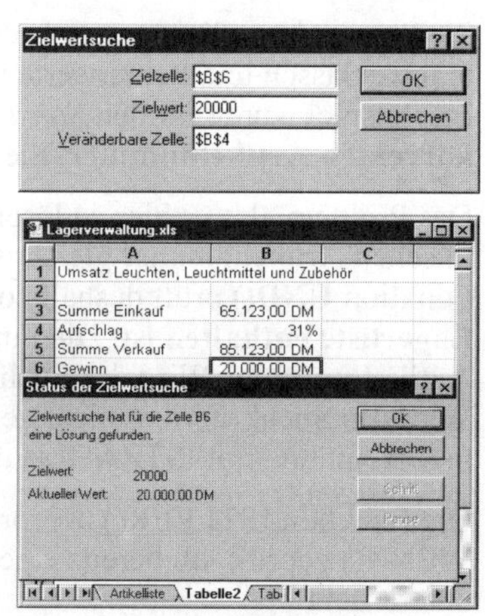

Zielwertsuche

UND() und ODER()gehören zu den **logischen Funktionen**, die alle **einen Wahrheitswert zurückliefern**. Sie setzen sie ein, um **mehr als eine Bedingung zu überprüfen**. Wenn Sie **Bedingungen** mit der **Funktion UND() verknüpfen**, müssen **alle angegebenen Bedingungen WAHR** sein, damit die *Dann_Anweisung* ausgeführt wird. Verknüpfen Sie **Bedingungen mit ODER**, muß **nur eine der Bedingungen WAHR** sein.

NICHT() **kehrt einen Ausdruck in sein Gegenteil um**.

Die Funktionen verwenden eine relativ einfache Syntax:

```
UND(Wahrheitswert1;Wahrheitswert2;.....)

ODER(Wahrheitswert1;Wahrheitswert2;....)

NICHT(Wahrheitswert)
```

Wahrheitswert ist dabei der Ausdruck, der geprüft wird und WAHR oder FALSCH sein kein.

Die **Formatierung der Eingabebereiche dient zur Unterscheidung derjenigen Zellen**, in denen **Eingaben** gemacht werden, und der Zellen, **die Formeln enthalten**, damit Sie nicht versehentlich eine Formel durch eine Eingabe löschen. Sie können die **Formeln einer Tabelle noch besser schützen**, indem Sie alle Zellen, die nicht verändert werden sollen, mit einem **Zellschutz** versehen.

Dazu **markieren Sie im ersten Arbeitsschritt alle Zellen**, die auch **weiterhin verändert werden dürfen**, wählen *Format/Zellen* und schalten auf der Registerkarte *Schutz* das Kontrollkästchen *Gesperrt* aus. Anschließend wählen Sie *Extras/Dokument schützen/Blatt*, um den Zellschutz wirksam werden zu lassen. Falls Sie Arbeitsblätter für andere Anwender vorbereiten, können Sie den **Zellschutz mit einem Kennwort verknüpfen**, so daß nur Sie selbst den Schutz deaktivieren können.

Wenn Sie versuchen, eine so geschützte Zelle zu bearbeiten, blendet Excel eine Fehlermeldung ein: *Gesperrte Zellen können nicht geändert werden.* Die Veränderung der Zelle ist dann nicht mehr möglich, ohne den Zellschutz vorher aufzuheben.

Die Zielwertsuche können Sie einsetzen, **um einen gewünschten Endwert durch Annäherung zu ermitteln**. Der Wert der Zielzelle wird **so lange verändert**, **bis eine Formel**, die auf diese Zelle Bezug nimmt, **den gewünschten Wert erreicht hat**. Die **Zielzelle muß eine Formel enthalten**, damit Sie die Zielwertsuche einsetzen können.

Aktivieren Sie die Schaltfläche *Abbrechen*, falls Sie die berechnete Veränderung nicht übernehmen wollen, oder *OK*, wenn die Veränderung in die Zelle übertragen werden soll.

Lassen Sie mit der **Zielwertsuche zeitintensivere Berechnungen durchführen**, können Sie im Dialogfeld *Status der Zielwertsuche* die Schaltfläche *Pause* aktivieren, um die Berechnung anzuhalten und mit der Schaltfläche *Schritt* die weiteren **Berechnungen schrittweise durchführen**.

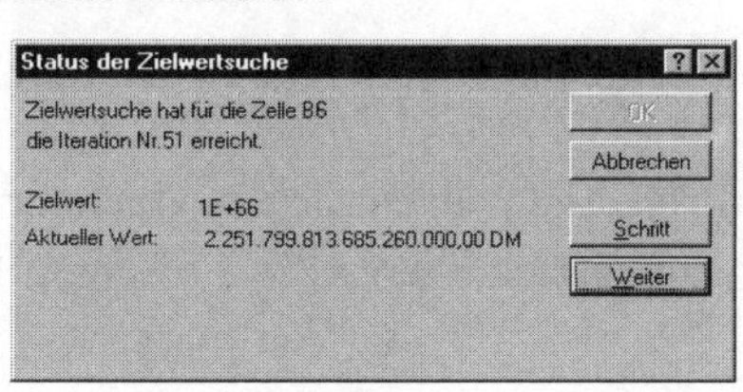

Den Solver installieren

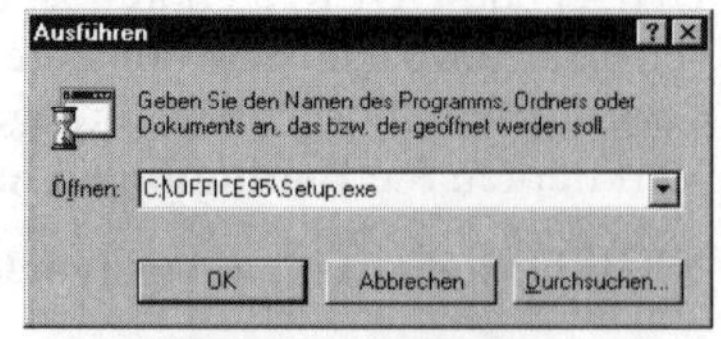

Aufruf des Setup

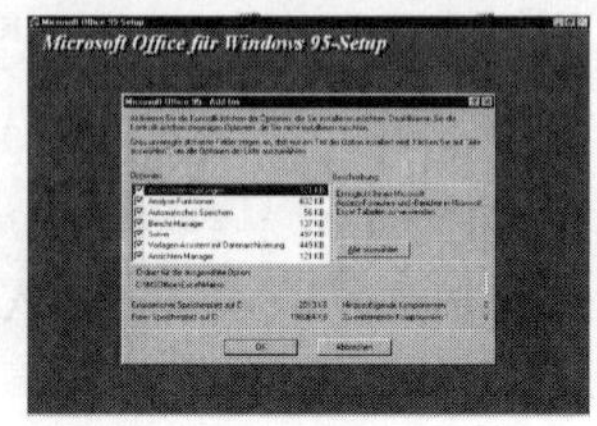

1. Speichern Sie die *Lagerverwaltung*, und **beenden Sie Excel**.
2. Der **Solver ist standardmäßig nicht installiert**. Um ihn nachträglich zu installieren, aktivieren Sie die Schaltfläche *Start* und wählen *Ausführen*.
3. Geben Sie den **Pfad zum Speicherordner des Setup-Programms für Excel** an bzw. MSOffice, wenn Sie Excel im Office-Paket installiert haben.
4. Wählen Sie die Optionen zum *Hinzufügen* von Excel-Komponenten, und schalten Sie das Kontrollkästchen *Add-Ins* an.
5. Aktivieren Sie dazu die Schaltfläche *Option ändern* und die Schaltfläche *Alle auswählen*.
6. Klicken Sie auf die Schaltflächen *OK* und *Weiter*, um die Dialogfelder nacheinander zu schließen und die Installation durchzuführen.
7. **Nach erfolgreicher Installation starten Sie Excel** und öffnen die Mappe *Lagerverwaltung.xls*.

Solverdaten vorbereiten

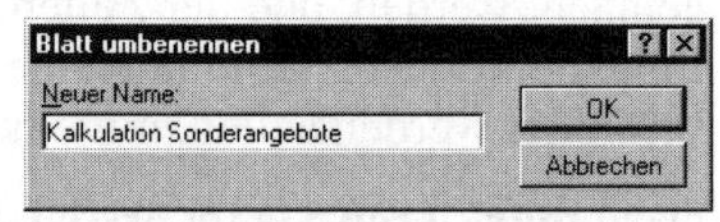

Das Blatt benennen

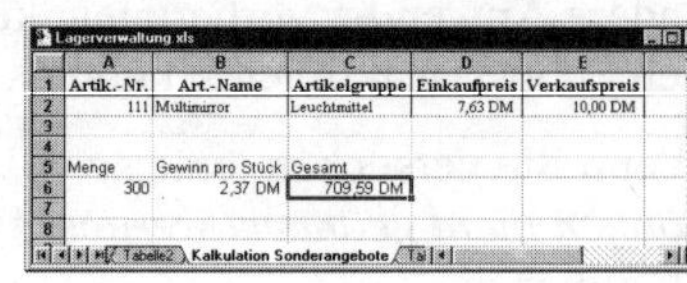
Die vorbereiteten Daten

1. Aktivieren Sie die *Tabelle3*. Doppelklicken Sie auf das Register von *Tabelle3*, und **benennen Sie das Blatt** in „Kalkulation Sonderangebote" um.
2. Öffnen Sie das Blatt *Artikelliste*, und markieren Sie dort A1:E1 sowie, bei gedrückter Taste [Strg], A12:E12. Klicken Sie auf die Schaltfläche *Kopieren*.
3. Aktivieren Sie das Blatt *Kalkulation Sonderangebote*, klicken Sie in A1, und drücken Sie [↵].
4. **Geben Sie zusätzlich folgende Daten ein**:

```
A5   Menge
B5   Gewinn pro Stück
C5   Gesamt
A6   300
B6   =E2-D2
C6   =A6*B6
```

5. Formatieren Sie C6 im *Währungsformat*, und **passen Sie die Spaltenbreiten an**.

Den Solver aktivieren

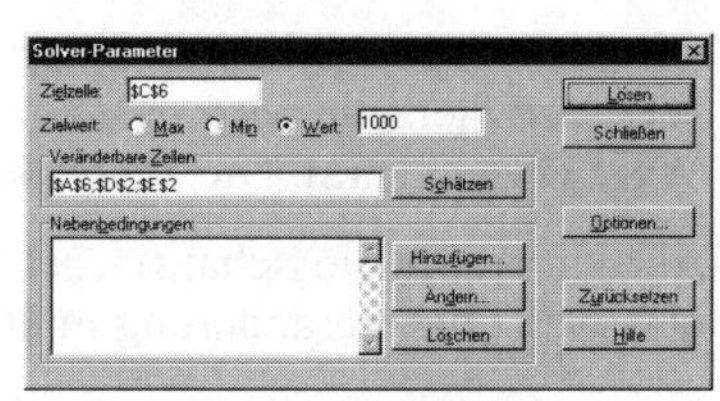
Der Solver

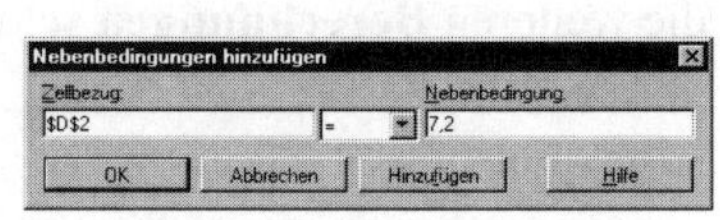
Nebenbedingungen eingeben

1. Markieren Sie die Zelle C6, und wählen Sie *Extras/Solver*.
2. Aktivieren Sie in der Optionsgruppe *Zielwert* die Schaltfläche *Wert*.
3. Geben Sie **in das zugehörige Textfeld** ein:

```
1000
```

4. Klicken Sie in das Feld *Veränderbare Zellen*. Markieren Sie im Arbeitsblatt bei **gedrückter Taste** [Strg] A6, D2 und E2.
5. Betätigen Sie in der Optionsgruppe *Nebenbedingungen* die Schaltfläche *Hinzufügen*.
6. Setzen Sie den Cursor in das Feld *Zellbezug*, und klicken Sie in der Tabelle auf die Zelle D2:
7. Öffnen Sie die **Liste mit den Operatoren**, und wählen Sie den Operator „=".
8. Geben Sie bei *Nebenbedingung* „7,2" ein, und aktivieren Sie die Schaltfläche *Hinzufügen*.

Zusatzwissen

Der **Solver gehört zu den Add-Ins**, das sind **Zusatzprogramme**, mit denen Sie in Excel **bestimmte Aufgaben besonders komfortabel lösen können**. Wenn Sie sich informieren wollen, welche Add-Ins Excel Ihnen zur Verfügung stellt bzw. welche Add-Ins bereits installiert sind, können Sie den Add-In-Manager aktivieren. Mit Hilfe dieses Managers werden die Add-Ins verwaltet.

Wählen Sie *Extras/Add-In-Manager*, um die verfügbaren Add-Ins anzuzeigen.

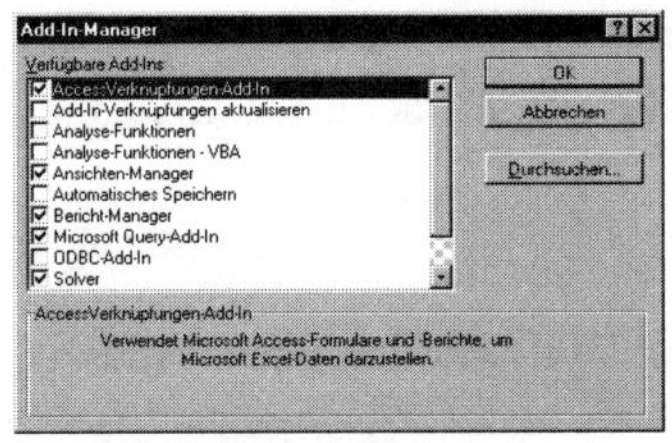

🛈 Add-Ins haben die Erweiterung *XLA* und sind u. a. in den Excel-Unterordnern *SOLVER*, *MAKROS* und *ANALYSE* gespeichert.

Der Solver ist ein Zusatzprogramm zur Lösung von **linearen Gleichungen**. Im Gegensatz zur Zielwertsuche können Sie in dieser Anwendung auch **mehrere Variablen** und **Nebenbedingungen** zur Lösung angeben.

In der Mappe *...EXCEL\BEISPIEL\SOLVER\SOLVERMP.XLS* finden Sie mehrere komplexe Anwendungen für den Solver:

Produkt-Mix	Produkte aus mehreren Bauteilen mit unterschiedlichen Gewinnspannen
Transportproblem	Warenversand von drei Fabriken zu fünf Lagerhäusern
Personalplanung	Personalplanung für einen Schichtbetrieb
Kapitalplanung	Kassenbestand verwalten
Wertpapierportefeuille	Optimale Verteilung von Aktien
Schaltkreis-Layout	Widerstandsberechnung einer elektrischen Schaltung

Wenn Sie sich genauer über die Möglichkeiten des Solvereinsatzes informieren wollen, können Sie auch die Arbeitsmappe *SOLVTAB.XLS* öffnen, in der die unterschiedlichen Funktion des Solvers demonstriert werden.

Falls Sie **vor dem Einsatz des Solvers genauer festlegen wollen, wie der Solver arbeiten soll**, aktivieren Sie im Dialogfeld *Solver-Parameter* die Schaltfläche *Optionen*. Sie können dann festlegen, wie lange der Solver höchstens rechnen soll, wie viele Iterationen durchgeführt werden sollen und mit welcher Genauigkeit und Toleranz gerechnet werden soll.

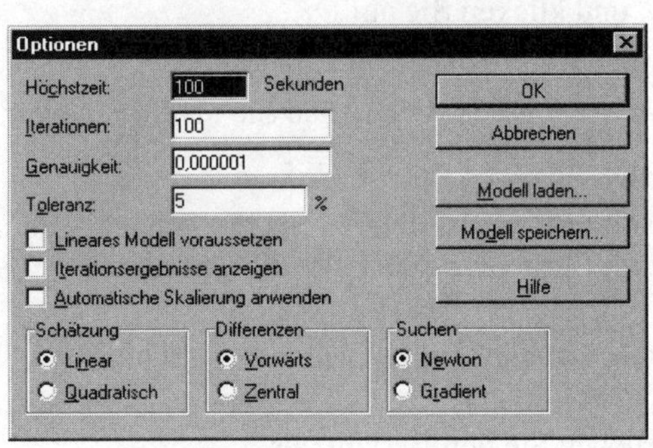

Problemstellung mit dem Solver lösen

1. Klicken Sie in das Feld *Zellbezug* und in die Zelle E2.
2. Wählen Sie **als Operator wieder das Gleichheitszeichen**, und geben Sie bei *Nebenbedingung* ein:

   ```
   8,2
   ```

3. Aktivieren Sie die Schaltfläche *OK*, und starten Sie den Solver im Dialogfeld *Solver-Parameter* über die Schaltfläche *Lösen*.
4. Aktivieren Sie im Dialogfeld *Ergebnis* die Schaltfläche *Szenario speichern*.
5. Geben Sie bei *Szenarioname* ein:

   ```
   Sonderangebot Multimirror
   ```

6. Bestätigen Sie mit *OK*. Markieren Sie im Dialogfeld *Ergebnis* die Option *Ausgangswerte wiederherstellen*.
7. Schließen Sie das Dialogfeld mit *OK*.

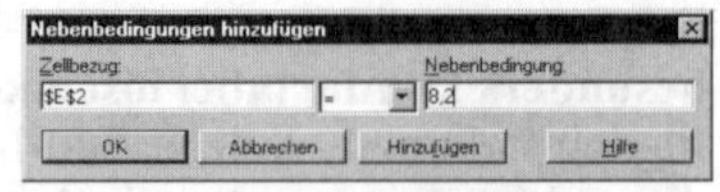

Eine weitere Nebenbedingung

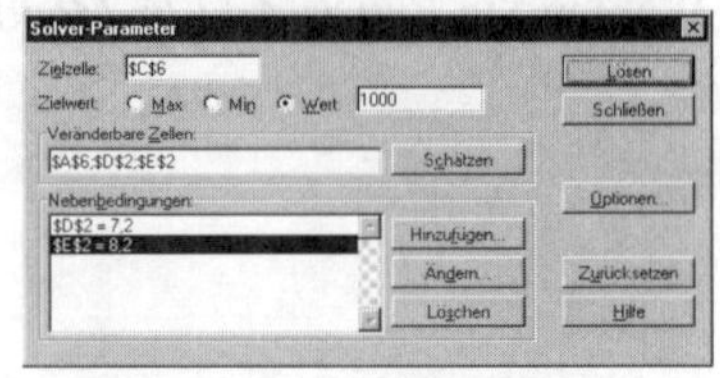

Die eingetragenen Nebenbedingungen

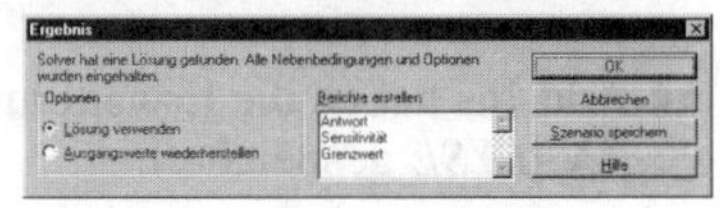

Szenario mit dem Szenario-Manager

1. Wählen Sie *Extras/Szenario-Manager*, und markieren Sie in der Liste *Szenarios* den Eintrag *Sonderangebot Multimirror*.
2. Aktivieren Sie die Schaltfläche *Bearbeiten*.
3. **Ändern Sie den Standardtext** im Feld *Kommentar* zu folgendem Text:

   ```
   Solver-Modell
   Sonderangebot Multimirror mit Lieferantenrabatt
   ```

4. Schließen Sie das Dialogfeld mit *OK*, **bestätigen Sie die Werte im folgenden Dialogfeld** ebenfalls mit *OK*.
5. Verlassen Sie den Szenario-Manager mit *Schließen*.
6. Wählen Sie nochmals *Extras/Solver*. **Löschen** Sie im Feld *Veränderbare Zellen* den Eintrag *$D$2* mit [Entf].
7. Markieren Sie in der Optionsgruppe *Nebenbedingungen* den Eintrag *$D$2=7,2*, und aktivieren Sie die Schaltfläche *Löschen*.
8. Aktivieren Sie die Schaltfläche *Lösen*.

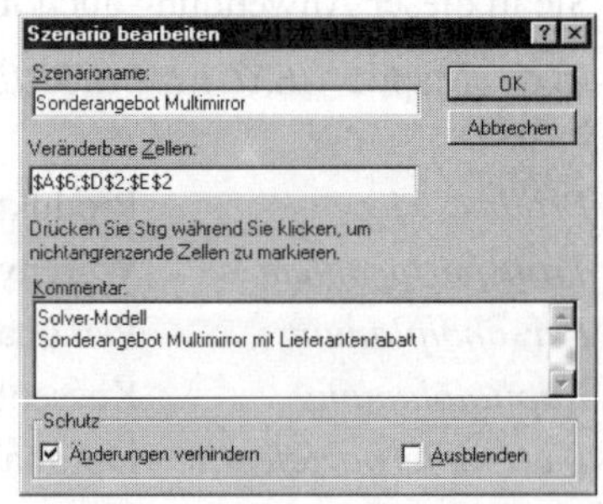

Szenario bearbeiten

Übersichts-Bericht erstellen

1. Klicken Sie auf *Szenario speichern*, und geben Sie als *Szenarioname* ein:

   ```
   Sonderangebot ohne
   ```

2. **Schließen Sie das Dialogfeld** mit *OK*, markieren Sie die Optionsschaltfläche *Ausgangswerte wiederherstellen*, und klicken Sie auf *OK*.
3. Wählen Sie *Extras/Szenario-Manager* und *Sonderangebot ohne*.
4. Aktivieren Sie die Schaltfläche *Bearbeiten*, und vergeben Sie als *Kommentar*:

   ```
   Sonderangebot Multimirror ohne Lieferantenrabatt
   ```

5. **Schließen** Sie die **Dialogfelder** mit *OK*, und aktivieren Sie die Schaltfläche *Bericht*. Markieren Sie in der Optionsgruppe *Berichtstyp* die Option *Übersichtsbericht*.
6. Aktivieren Sie die Schaltfläche *OK*. Doppelklicken Sie im Bericht auf A6, und geben Sie ein: „Verkauft werden müssen“.
7. Speichern Sie die Mappe, und drucken Sie den Bericht aus.

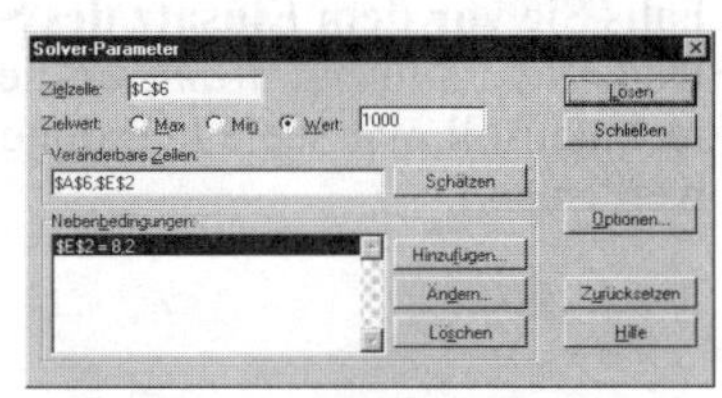

Eine weitere Berechnung durchführen lassen

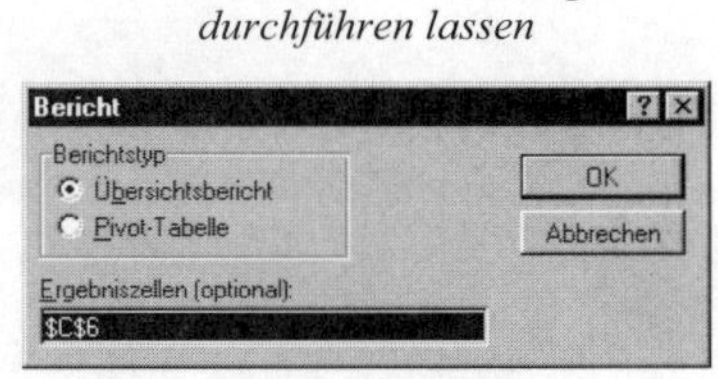

Einen Bericht erstellen

Mit einer **Nebenbedingung** definieren Sie eine **Einschränkung für das Problem**, das Sie mit dem Solver lösen wollen. Sie können sich dabei auf als veränderbar definierte, oder andere mit dem Problem zusammenhängende Zellen beziehen.

Für **jede**, als **veränderbar definierte Zelle** lassen sich **zwei Nebenbedingungen** angeben. Insgesamt können Sie **100 zusätzliche Nebenbedingungen für ein Problem** festlegen, das Sie mit dem Solver lösen wollen.

Folgende **Operatoren** werden für **Nebenbedingungen** eingesetzt:

- <= Kleiner oder gleich
- >= Größer oder gleich
- = Gleich
- ganzz Ganze Zahl

Ein ***Szenario*** **speichert Daten**, die als **Ergebnis von Was-Wäre-Wenn-Analysen angezeigt** werden.

Verwenden Sie den **Szenario-Manager** zum **Erstellen**, **Benennen**, **Speichern**, **Anzeigen** und **Bearbeiten** von Szenarios, zum **Erstellen von Übersichtsberichten**, zum **Zusammenführen**, **Schützen**, **Aus- und Einblenden** von Szenarios und für die **automatische Protokollierung von Veränderungen**, die Sie an Szenarios durchführen. Verwenden Sie die Schaltflächen des Dialogfeldes *Szenario-Manager* wie folgt:

- *Anzeigen* Zum **Anzeigen** des markierten Szenarios
- *Schließen/Abbrechen* Zum **Schließen** des Dialogfeldes, **ohne Änderungen zu übernehmen**
- *Hinzufügen* Um **Werte** für die **veränderbare Zelle hinzuzufügen**
- *Löschen* Zum **Löschen** des markierten Szenarios
- *Bearbeiten* Um den **Namen**, den **Kommentar** oder den **Inhalt des Szenarios zu ändern**
- *Zusammenführen* Um Szenarios aus **verschiedenen Tabellen** und verschiedenen (geöffneten) **Mappen** zusammenzuführen
- *Bericht* Um einen Bericht in Form einer **Übersicht** oder in Form einer **Pivottabelle** auf einem neuen Blatt zu erstellen

Der Übersichtsbericht

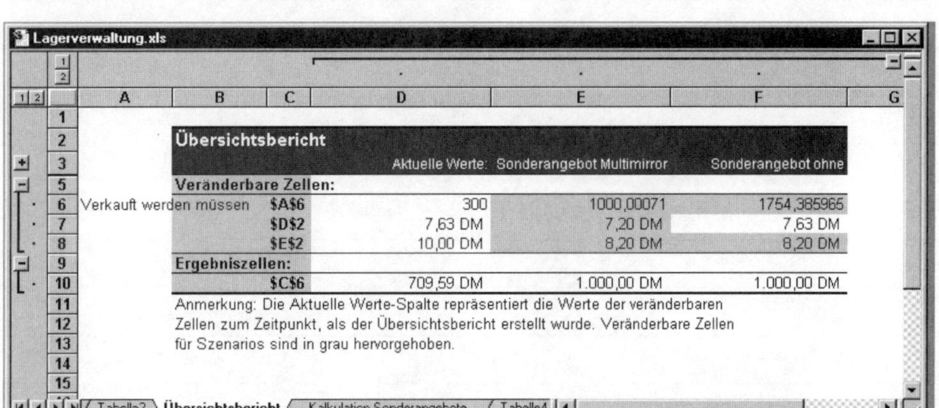

Notizen

CHIP-Schulung von bhv

Excel für Windows 95

2

In diesem Kapitel lernen Sie Excel-Befehle kennen, mit denen Sie festlegen, wie bestimmte Zellinhalte kopiert werden sollen. Sie lernen den Umgang mit Matrizen und werden Daten aus verschiedenen Tabellen konsolidieren. Sie erfahren, wie Sie Mehrfachoperationen für einen oder mehrere variable Werte erstellen können.

Dann werden Sie sich intensiv mit dem Filtern von Listen beschäftigen. Hierbei lernen Sie Möglichkeiten kennen, die weit über die AutoFilter-Funktion hinausgehen, um z. B. Datensätze mit mehr als zwei Filtern zu selektieren oder gefilterte Datensätze in einem Arbeitsgang zu kopieren.

Am Ende dieser Lektion erfahren Sie alle wichtigen Befehle, um die Daten in Ihren Mappen vor versehentlichem Ändern, Löschen und unbefugtem Öffnen zu schützen.

- Ausgewählte Inhalte kopieren
- Formatierung übertragen
- Benutzerdefiniertes Zahlenformat
- Daten transponieren
- Bedingte Summe bilden
- Matrizen berechnen
- Nullwerte unterdrücken
- Konsolidieren ohne Verknüpfung
- Konsolidieren mit Verknüpfung
- Eine Kreditbewertung erstellen
- Szenarien für verschiedene Bedingungen
- Mehrfachoperation mit einer Variablen
- Mehrfachoperation mit zwei Variablen
- Benutzerdefinierte AutoFilter
- Filtern mit UND-Verknüpfung
- Filtern mit ODER-Verknüpfung
- Suchkriterien- und Zielbereich
- Filtern mit Suchkriterienbereich
- Spezialfilter mit UND-Verknüpfung
- Wertebereich mit UND-Verknüpfung
- Spezialfilter mit ODER-Verknüpfung
- Filtern und Kopieren mit Spezialfiltern
- Zellen schützen und Formeln ausblenden
- Sicherungsdatei und Schreibschutzempfehlung
- Datei mit Schreibschutz versehen
- Datei mit Zugriffsschutz versehen
- Kennwörter löschen

Ausgewählte Inhalte kopieren

1. Doppelklicken Sie in der Mappe *Lagerverwaltung.xls* auf das Register des Arbeitsblattes *Tabelle4*. Geben Sie bei *Neuer Name* ein:

   ```
   Inventur
   ```

2. Bestätigen Sie mit *OK*, und aktivieren Sie die *Artikelliste*. Markieren Sie A1:C16. Klicken Sie auf die Schaltfläche *Kopieren*, und aktivieren Sie wieder *Inventur*.
3. Klicken Sie auf A1, und wählen Sie *Bearbeiten/Inhalte einfügen*. Aktivieren Sie *Alles außer Rahmen*, und bestätigen Sie mit *OK*.
4. Heben Sie in der *Artikelliste* die Markierung auf, markieren Sie mit gedrückter Taste [Strg] D1:D16 sowie F1:F16, und wählen Sie erneut *Bearbeiten/Kopieren*.
5. Klicken Sie in *Inventur* auf die Zelle D1, und wählen Sie *Bearbeiten/ Inhalte einfügen*.
6. Markieren Sie die Schaltfläche *Werte*, und aktivieren Sie *OK*.

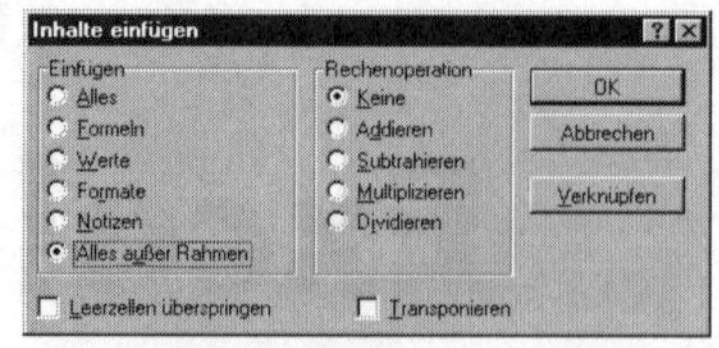

Inhalte übertragen

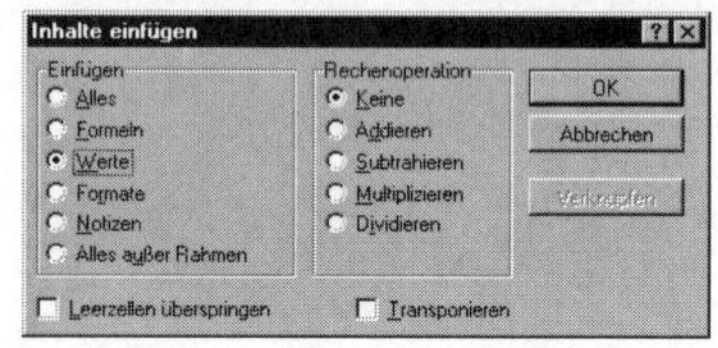

Werte kopieren

Formatierung übertragen

1. Formatieren Sie die Zelle D2 im *Währungsformat*.
2. Klicken Sie auf die Zelle C1, und aktivieren Sie die Schaltfläche *Format übertragen*.
3. Markieren Sie D1:E1; das Format wird übertragen.
4. Klicken Sie anschließend auf die Zelle D2, und doppelklicken Sie auf die Schaltfläche *Format übertragen*.
5. Klicken Sie **nacheinander auf die Zellen** D3 und D4.
6. **Ziehen Sie dann die Maus mit gedrückter linker Maustaste über die Zellen** D5:D16.
7. Schalten Sie die Funktion zur Formatierungsübertragung mit nochmaligem **einfachen Klick** auf die Schaltfläche *Format übertragen* wieder aus.

Format übertragen

Benutzerdefiniertes Zahlenformat

1. Klicken Sie auf die Zelle E2, wählen Sie *Format/Zellen*, und blenden Sie die Registerkarte *Zahlen* ein.
2. Markieren Sie in der Liste *Kategorie* den Eintrag *Benutzerdefiniert*.
3. Markieren Sie in der Liste *Formate* den Eintrag „0“, und klicken Sie **im Textfeld über der Liste hinter die Null**.
4. Geben Sie **ein Leerzeichen** und den folgenden Text **mit Anführungszeichen** ein:

   ```
   "Stück"
   ```

5. Schließen Sie das Dialogfeld mit *OK*. Markieren Sie die Zellen E3:E16, und wählen Sie *Format/Zellen*.
6. Aktivieren Sie wieder unter *Kategorie* den Eintrag *Benutzerdefiniert*.
7. Gehen Sie **mit Hilfe der Bildlaufleiste an das Ende** der Liste *Formate*. Markieren Sie den Eintrag *0 "Stück"*, und bestätigen Sie mit *OK*.

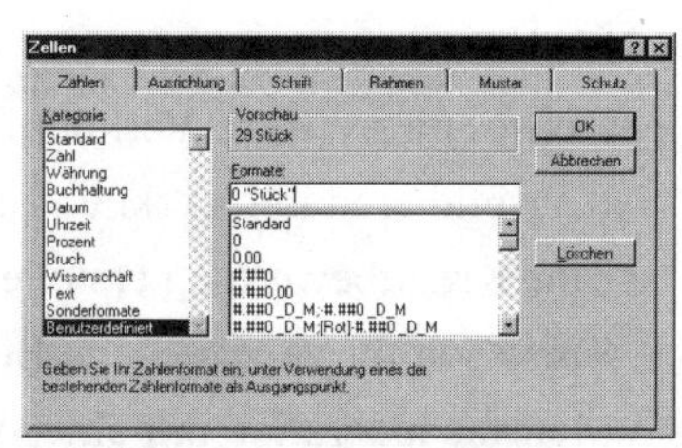

Ein benutzerdefiniertes Format

In einer Zelle sind **außer dem Wert** noch viele **zusätzliche Informationen enthalten: Formatierungen**, eine **Formel**, auf der der Wert beruht, und eventuell **Notizen**. Benutzen Sie den Befehl *Bearbeiten/Inhalte einfügen* immer dann, wenn Sie **nicht alle Elemente**, die in einer Zelle enthalten sind, sondern **nur ausgewählte Aspekte kopieren wollen**.

Mit der Optionsgruppe *Rechenoperation* im Dialogfeld *Inhalte einfügen* können Sie **kopierte Werte mit den Werten, die der Einfügebereich bereits enthält, zusammenfassen**. Wählen Sie über die einzelnen Optionsschaltflächen, mit welcher Berechnungsart die Daten zusammengefaßt werden sollen, ob sie also z. B. addiert oder multipliziert werden sollen.

Die Schaltfläche *Formate übertragen* können Sie auf zweierlei Art und Weise einsetzen: **Klicken Sie einfach** auf diese Schaltfläche, wenn Sie die Formate der markierten Zelle **nur auf eine Einzelzelle** bzw. einen **zusammenhängenden Zellbereich übertragen** wollen.

Klicken Sie doppelt auf die Schaltfläche, wenn Sie die Formatierung der markierten Zelle **auf mehrere Einzelzellen** bzw. **nicht zusammenhängende Zellbereiche** übertragen wollen. In diesem Fall bleibt die Schaltfläche so lange aktiviert, bis sie mit einfachem Klick wieder ausgeschaltet wird. Zum Übertragen der Formatierung markieren Sie einfach die gewünschten Zielzellen.

Es lassen sich auch **Formate aus mehr als einer Zelle übertragen**. Wenn Sie mehrere Zellen markieren, bevor Sie die Schaltfläche *Format übertragen* aktivieren, wird die Formatierung in derselben Anordnung auf die Zielzellen übertragen.

B
Gehalt
5.460,00 DM
3.459,00 DM
2.785,00 DM
11.704,00 DM

→

F
Bonus
382,2
242,13
194,95
819,28

F
Bonus
382,20 DM
242,13 DM
194,95 DM
819,28 DM

Excel zeigt in der Kategorie *Benutzerdefinierte Zahlenformate* **Platzhaltersymbole für die Zahlenformatierung** an. Mit diesen Platzhaltern können Sie festlegen, wie eine Zahl angezeigt werden soll. Dabei haben Sie die Möglichkeit, je nach Art des Zellinhaltes unterschiedliche Formate zu definieren. Die wichtigsten Platzhalter sind:

- **#** zeigt zusätzliche Nullen nicht an. **?** fügt Leerstellen für nicht signifikante Nullen ein.
- **0** zeigt zusätzliche Nullen an. **0 "Text"** gibt eine Zeichenkette aus.

Trennen Sie die verschiedenen Anweisungen durch ein **Semikolon**, und halten Sie bei der Zusammenstellung des benutzerdefinierten Zahlenformates folgende **Reihenfolge** ein:

```
_-* #.##0,00 _D_M_-;-* #.##0,00 _D_M_-;_-* "-"?? _D_M_-;_-@_-
```

Positiver Wert; Negativer Wert; Nullwert; Text

Einige der vorgegebenen Zahlenformate sind so umfangreich, daß Sie diese **nicht komplett im einzeiligen Listenfeld** *Formate* **prüfen** können. Bewegen Sie den Cursor in diesem Fall mit den Tasten Pos1 und Ende, um die nicht sichtbaren Elemente zu prüfen.

Daten transponieren

1. Markieren Sie die Zellen C6:C8, und wählen Sie *Bearbeiten/Kopieren.*
2. Klicken Sie in die Zelle A20, und wählen Sie *Bearbeiten/Inhalte einfügen.*
3. Markieren Sie die Optionsschaltfläche *Alles.*
4. Schalten Sie das Kontrollkästchen *Transponieren* an, und schließen Sie das Dialogfeld mit *OK.*
5. **Schließen Sie den Kopiervorgang** mit [Esc] ab.
6. Markieren Sie B1, und wählen Sie *Bearbeiten/Kopieren.*
7. Markieren Sie A20:C20, und wählen Sie *Bearbeiten/Inhalte einfügen.*
8. Markieren Sie diesmal die Schaltfläche *Formate*, und bestätigen Sie mit *OK.*

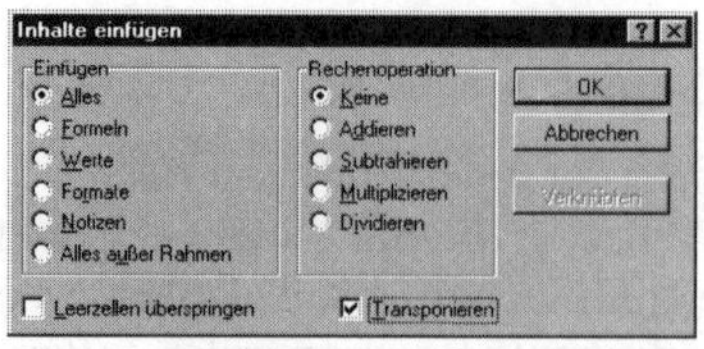

Daten transponieren

Bedingte Summe bilden

1. Klicken Sie auf A21, und aktivieren Sie den *Funktions-Assistenten* [fx].
2. Markieren Sie in der Liste *Kategorie* den Eintrag *Math. & Trigonom*, und wählen Sie aus der Liste *Funktion* den Eintrag SUMMEWENN.
3. Aktivieren Sie die Schaltfläche *Weiter.* Der Cursor blinkt im Feld *Bereich.*
4. Markieren Sie in der *Inventur* die Zellen C2:C16, und drücken Sie die Taste [F4], **um einen absoluten Bezug zu erstellen.**
5. Klicken Sie **im Dialogfeld** in das Textfeld *Suchkriterien*, und markieren Sie **in der Tabelle** die Zelle A20.
6. Setzen Sie **im Dialogfeld** den Cursor in das Textfeld *Summe_Bereich*, und markieren Sie in der Tabelle E2:E16.
7. Verwandeln Sie den **relativen Bezug** mit [F4] wieder in den **absoluten Bezug.**
8. Schließen Sie das Dialogfeld mit der Schaltfläche *Ende*, beenden Sie die Zellbearbeitung mit [↵], und **kopieren** Sie die Formel in die Zellen B21:C21.

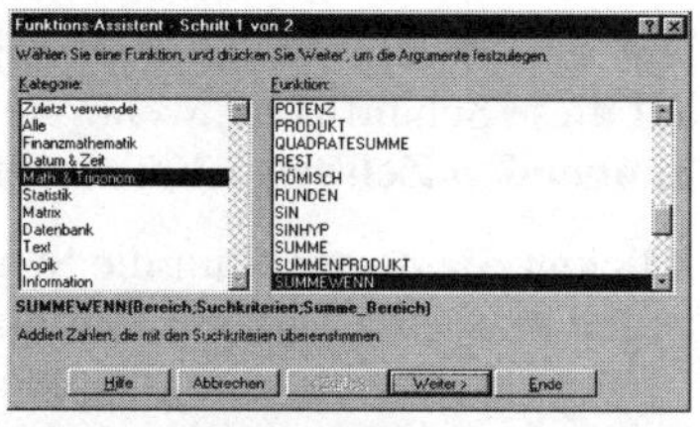

Die Kategorie „Math. & Trigonom."

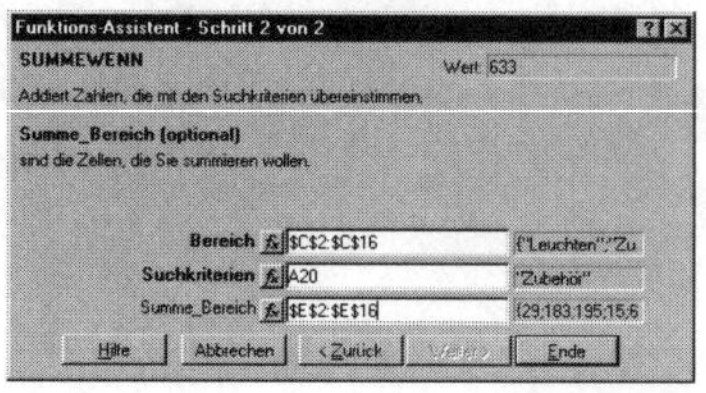

Die Funktion SUMMEWENN

Matrizen berechnen

1. Schreiben Sie in F1 folgende **Spaltenbeschriftung**:

```
Warenwert
```

2. Markieren Sie die Zellen F2:F16, und geben Sie folgende **Formel** ein:

```
=D2:D16*E2:E16
```

3. Drücken Sie die Tastenkombination [Strg]+[↵].
4. **Kontrollieren** Sie die eingetragene Formel in verschiedenen Zellen, und löschen Sie zuerst F2 und dann F3:F16.
5. **Markieren Sie erneut** die Zellen F2:F16, und geben Sie die gleiche Formel nochmals ein.
6. **Beenden** Sie diesmal die **Formelerstellung** mit der **Tastenkombination** [Strg]+[⇧]+[↵], und kontrollieren Sie wieder die erstellten Formeln.
7. Versuchen Sie, eine der erstellten Formeln zu löschen. Klicken Sie dann in die Zelle F18, und doppelklicken Sie auf die Schaltfläche *Summe* [Σ].

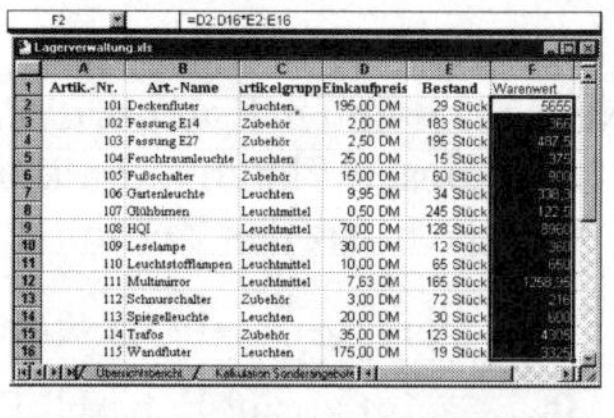

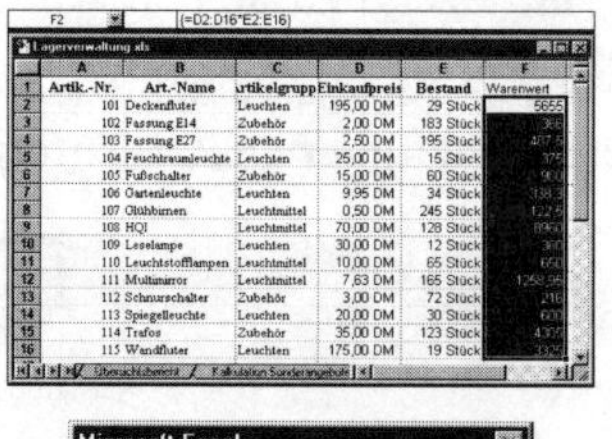

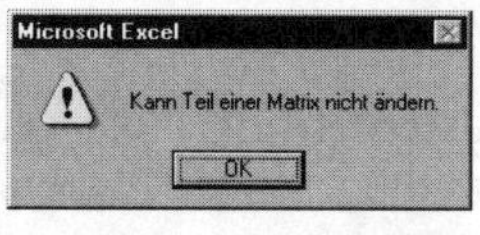

Mit ***Transponieren*** wird in Excel das **Umsetzen von Zellen** bezeichnet, wobei die **Anordnung der Zellen umgetauscht wird**. Was vorher **in Zeilen** angeordnet war, wird nun **spaltenweise** angeordnet, und umgekehrt. Sie können dabei wie im Beispiel einzelne Zellen einer Zeile bzw. einer Spalte oder auch die Zellen eines Zellbereichs bzw. einer Matrix transponieren.

	A	B
1	**Name**	**Gehalt**
2	Fischer	5.460,00 DM
3	Schillings	3.459,00 DM
4	Karlson	2.785,00 DM
5	**Gesamt**	**11.704,00 DM**

	A	B	C	D	E
1	**Name**	Fischer	Schillings	Karlson	**Gesamt**
2	**Gehalt**	5.460,00 DM	3.459,00 DM	2.785,00 DM	**11.704,00 DM**

Wie das Beispiel zeigt, empfiehlt es sich in der Regel, beim Transponieren die Formate nicht mitzukopieren.

Statt des Kontrollkästchens *Transponieren* im Dialogfeld *Inhalte einfügen* können Sie auch die **Funktion MSTRANS()** einsetzen, um Daten zu transponieren. Die Funktion benötigt als Argument nur den Bezug auf die zu transponierende Matrix:

```
MSTRANS(Matrix)
```

Die bereits bekannte Funktion SUMME() addiert immer alle Zellen des angegebenen Bereichs. Die Funktion **SUMMEWENN()** setzen Sie ein, um **aus einer Liste nur die Werte zu addieren, die ein bestimmtes Suchkriterium erfüllen**. Sie können damit z. B. in einer Rechnung alle Werte addieren, die einer bestimmten Person zuzuordnen sind, oder, wie hier, alle Artikel, die zu einer Artikelgruppe gehören. Die Funktion **filtert und addiert** damit gleichzeitig die Daten. Die Funktionssyntax lautet:

```
SUMMEWENN(Bereich;Suchkriterien;Summe_Bereich)
```

- *Bereich*: Geben Sie hier den Zellbereich an, in dem **die Suchkriterien** enthalten sind, nach denen die Summen zusammengefaßt werden soll. Im Beispiel ist das die Spalte, in der die Artikelgruppen enthalten sind.
- *Suchkriterien*: Hier müssen Sie entweder einen Zellbezug auf die Zelle angeben, in der **das Suchkriterium** enthalten ist, für das die Summe in **der aktuellen Zelle** ausgegeben werden soll, oder Sie geben das Suchkriterium selbst an.
- *Summe_Bereich*: Hier geben Sie einen **Zellbezug** zu den Zellen an, in denen die **Werte enthalten** sind, **die addiert werden sollen**. Im Beispiel ist das die Spalte, in der die Bestandszahlen für die einzelnen Artikel stehen.

Wenn Sie bei der Eingabe die Formelerstellung mit der Tastenkombination [Strg]+[↵] abschließen, wird die Formel mit der Anpassung an die jeweilige Zellposition, aber als ganz normale Formel in jede Zelle des markierten Bereichs eingetragen.
Wenn Sie jedoch, wie im zweiten Beispiel, die Formelerstellung mit der Tastenkombination [⇧]+[Strg]+[↵] abschließen, wird die Formel als ***Matrixformel*** in den markierten Bereich eingetragen. Eine **Matrixformel erzeugt**, im Gegensatz zu einer normalen Formel, **mehr als einen Wert**. Sie können eine Matrixformel an den geschweiften Klammern erkennen, in denen die Formel eingeschlossen wird. Da Sie nur eine Formel bearbeiten müssen, **verkürzt der Einsatz von Matrixformeln die Bearbeitungszeit**.

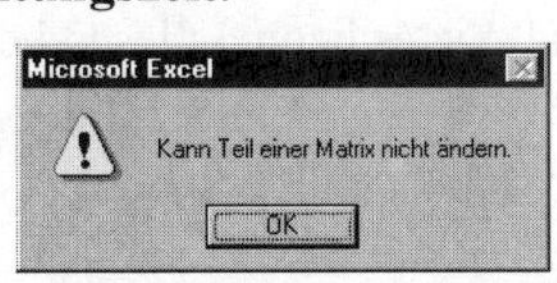

Sie können **Zellen einer Matrix nicht einzeln löschen oder verändern**. Um eine Matrixformel zu bearbeiten, klicken Sie auf eine der Zellen in der Matrix und anschließend **in die Bearbeitungszeile**. Führen Sie dort die gewünschten Veränderungen durch, und beenden Sie die Bearbeitung mit [⇧]+[Strg]+[↵].

Nullwerte unterdrücken

1. **Benennen** Sie folgende Arbeitsblätter um:

```
Tabelle5        Januar          Tabelle6    Februar
Tabelle7        März            Tabelle8    1. Quartal
```

2. Klicken Sie auf das Register *Januar* und bei gedrückter Taste ⇧ auf das Register *1. Quartal*, um die **Blätter zu gruppieren**.
3. Erstellen Sie das **hier abgebildete Tabellenraster**, und entwickeln Sie folgende **Formeln**:

```
B7: =Summe(B4:B6)          E4: =Summe(B4:D4)
```

4. Kopieren Sie die Formeln aus B7 nach C7:E7 sowie aus E4 nach E5:E6.
5. Wählen Sie *Extras/Optionen*, und schalten Sie auf der Registerkarte *Ansicht* das Kontrollkästchen *Nullwerte* aus. Bestätigen Sie mit *OK*.
6. Klicken Sie mit der **rechten** Maustaste auf eines der **gruppierten Register**, und wählen Sie *Gruppierung aufheben*. Geben Sie die im Zusatzwissen abgebildeten Verkaufszahlen ein.

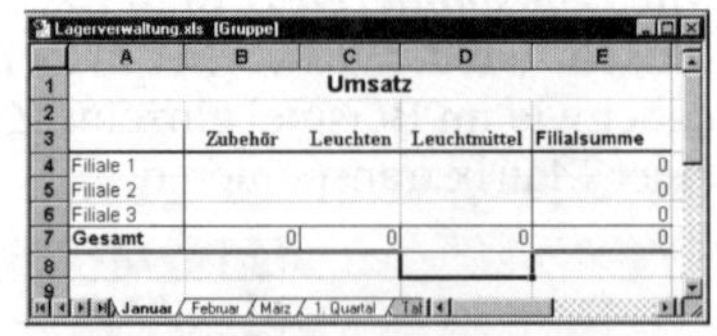

Das Tabellenraster vor ...

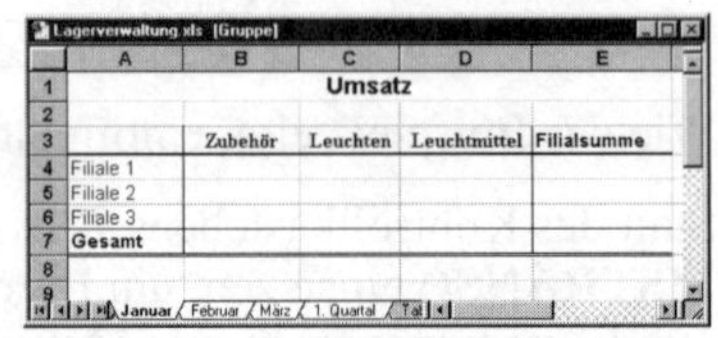

... und nach dem Ausschalten der Nullwerte

Konsolidieren ohne Verknüpfung

1. Wählen Sie *Fenster/Neues Fenster* und anschließend *Fenster/Anordnen*.
2. Markieren Sie die Optionsschaltfläche *Unterteilt*, und bestätigen Sie mit *OK*.
3. Blenden Sie in einem Fenster *Januar* und in dem anderen Fenster das *1. Quartal* ein.
4. Aktivieren Sie das Fenster *1. Quartal*, und markieren Sie dort B4:D6.
5. Wählen Sie *Daten/Konsolidieren*, und markieren Sie **im Fenster** *Januar* den Zellbereich B4:D6.
6. Aktivieren Sie die Schaltfläche *Hinzufügen*, und blenden Sie **im Fenster** *Januar* jetzt das Blatt *Februar* ein.
7. **Fügen Sie den Zellbezug** auf B4:D6 für *Februar* ein **und ebenso** für *März*.
8. In der Liste *Funktion* ist automatisch die Funktion *Summe* aktiviert.
9. Schließen Sie das Dialogfeld mit *OK*.

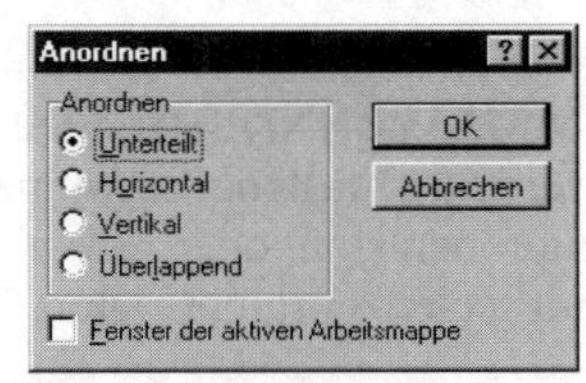

Unterteilt anordnen

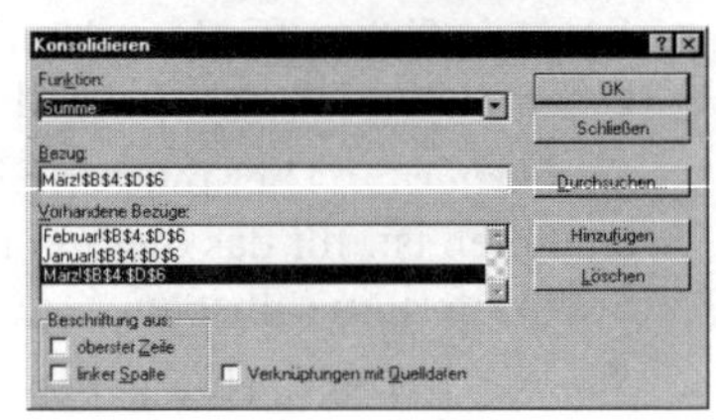

Einfaches Konsolidieren

Konsolidieren mit Verknüpfung

1. **Löschen Sie den Zellinhalt** der Zellen in B4:D6 aus dem Blatt *1. Quartal*.
2. Wählen Sie nochmals *Daten/Konsolidieren*. Die **Bezüge** sind **im Dialogfeld noch eingetragen**.
3. Schalten Sie das Kontrollkästchen *Verknüpfungen mit Quelldaten* an, und schließen Sie das Dialogfeld mit *OK*.
4. **Schließen Sie das zweite Fenster** mit Klick auf die Schaltfläche *Schließen* ☒ in der Fenstertitelleiste.
5. **Vergrößern** Sie das Blatt *1. Quartal*, so daß Sie es bequem lesen können.
6. **Korrigieren Sie die Spaltensummen** in B16:E16, indem Sie diese Zellen markieren und auf die Schaltfläche *Summe* Σ doppelklicken.
7. Drucken Sie das Blatt mit der Schaltfläche *Drucken* aus.

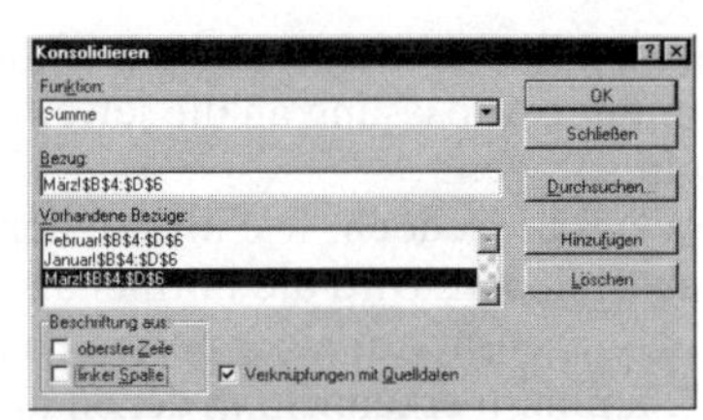

Konsolidieren mit Verknüpfung

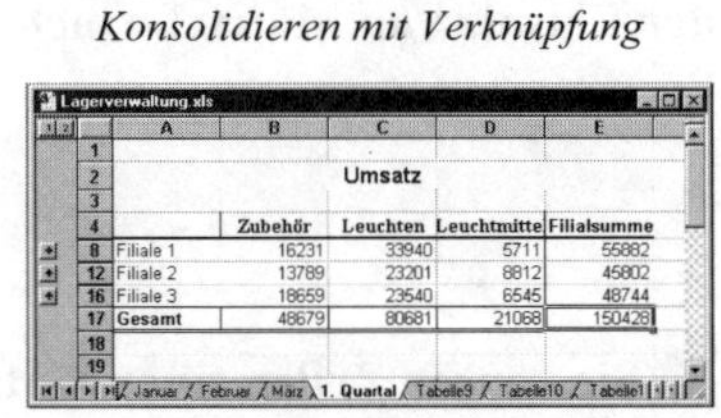

Die Ergebnistabelle

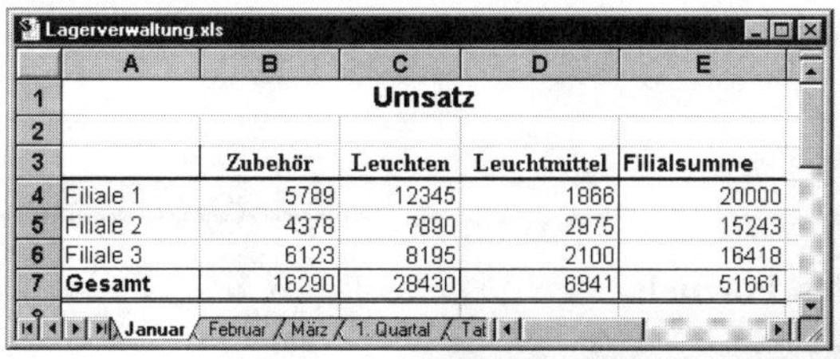

	A	B	C	D	E
1			Umsatz		
2					
3		Zubehör	Leuchten	Leuchtmittel	Filialsumme
4	Filiale 1	5789	12345	1866	20000
5	Filiale 2	4378	7890	2975	15243
6	Filiale 3	6123	8195	2100	16418
7	Gesamt	16290	28430	6941	51661

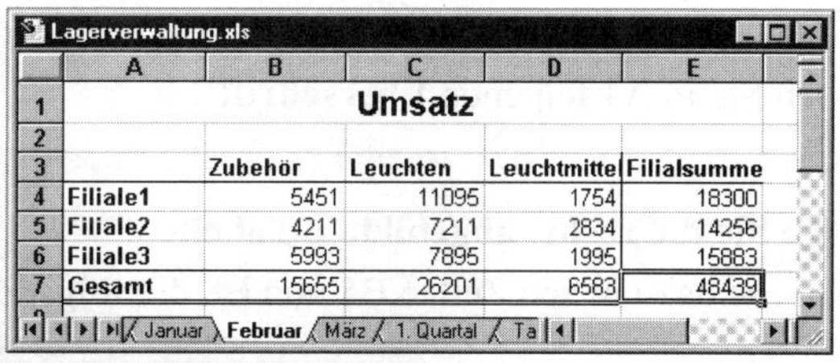

	A	B	C	D	E
1			Umsatz		
2					
3		Zubehör	Leuchten	Leuchtmitte	Filialsumme
4	Filiale1	5451	11095	1754	18300
5	Filiale2	4211	7211	2834	14256
6	Filiale3	5993	7895	1995	15883
7	Gesamt	15655	26201	6583	48439

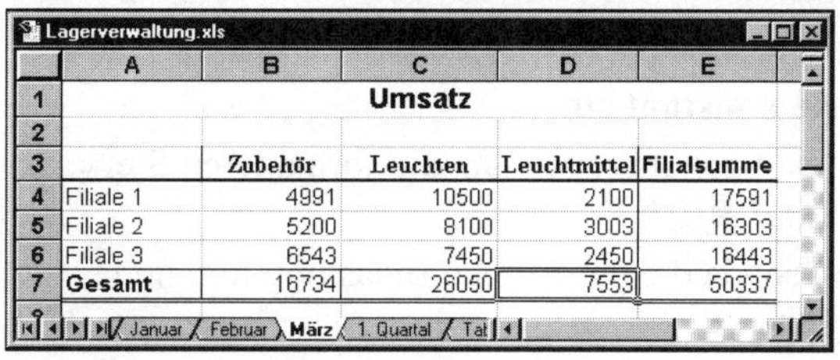

	A	B	C	D	E
1			Umsatz		
2					
3		Zubehör	Leuchten	Leuchtmittel	Filialsumme
4	Filiale 1	4991	10500	2100	17591
5	Filiale 2	5200	8100	3003	16303
6	Filiale 3	6543	7450	2450	16443
7	Gesamt	16734	26050	7553	50337

Beim **Konsolidieren fassen Sie die Daten aus mehreren Tabellen in einer neuen Tabelle zusammen**, wobei Sie eine bestimmte Funktion – standardmäßig die Summe – auswählen, um die Art festzulegen, wie die Daten zusammengeführt werden sollen. Außer der Summe können Sie noch folgende Funktionen auswählen:

- *Anzahl* bzw. *Anzahl2*
- *Mittelwert*, *Minimum* und *Maximum*
- *Produkt*
- *Standardabweichung* und *Varianz* jeweils bezogen auf Stichprobe oder Grundgesamtheit

Zum **Konsolidieren markieren Sie zuerst den gewünschten Zielbereich** oder klicken in die linke obere Ecke des gewünschten Einfügebereichs für die konsolidierten Daten, rufen den Konsolidierungsbefehl auf und fügen dann nacheinander die Zellbezüge zu den Zellbereichen ein, die zusammengefaßt werden sollen.

Wenn Sie beim **Konsolidieren eine Verknüpfung zu den Quelldaten herstellen, übertragen sich die Änderungen** der Quelldaten automatisch auf die Zielzelle. Zusätzlich werden die **Daten gegliedert** und die **Zwischensummen angezeigt**. Klicken Sie **auf die Schaltfläche [+] vor einer Zeile**, die Zwischensummen enthält, um die Einzelergebnisse anzuzeigen, bzw. auf [−], um sie auszublenden.

Sie können auch **Bezüge für Tabellenbereiche aus anderen Mappen** auswählen. Aktivieren Sie im Dialogfeld *Konsolidieren* die Schaltfläche *Durchsuchen*, um eine nicht geöffnete Mappe zu öffnen, zu der Sie einen Bezug herstellen wollen.

Wenn sich ein Tabellenblatt, in dem Sie Datenbereiche für einen Bezug markieren wollen, nicht aktivieren läßt, befindet sich der Cursor im Dialogfeld *Konsolidieren* nicht mehr im Feld *Bezug*.

Eine Kreditbewertung erstellen

1. **Benennen Sie das nächste leere Tabellenblatt** in „Kreditbewertung" um.
2. Schreiben Sie in A1 folgende **Überschrift**:

```
Kreditbewertung für die Modernisierung der Filiale 1
```

3. **Erstellen Sie die rechts abgebildete Tabelle.**
4. Erstellen Sie dazu in den Zellen B5 und B8 die folgenden **Formeln**:

```
B5: =B3-B4
B8: =ABS(RMZ(B7;B6;B5))
```

5. Tragen Sie die **restlichen Werte konstant** ein.
6. Passen Sie für Spalte A und B die Spaltenbreiten an, und formatieren Sie B3:B5 und B8 im *Währungsformat* [Symbol].
7. Formatieren Sie die Überschrift sowie die monatliche Belastung fett, und fügen Sie die abgebildeten Linien ein.

	A	B	C
1	**Kreditbewertung für Modernisierung der Filiale 1**		
2			
3	Modernisierungskosten	210.000,00 DM	
4	Eigenkapital	38.000,00 DM	
5	Fremdkapital	172.000,00 DM	
6	Laufzeit	24	
7	Zinssatz (/12)	0,96%	
8	Monatliche Belastung	**8.058,14 DM**	

Eine einfache Kreditberechnung

Szenarien für verschiedene Bedingungen

1. Markieren Sie **mit gedrückter Taste** [Strg] B3 und B7.
2. Wählen Sie *Extras/Szenario-Manager*, und aktivieren Sie die Schaltfläche *Hinzufügen*. Tragen Sie bei *Szenarioname* ein:

```
KreditGünstig
```

3. Aktivieren Sie die Schaltfläche *OK*, und setzen Sie **als neue Werte** für B3 „160000" ein sowie für B7: „6%".
4. Aktivieren Sie die Schaltfläche *Hinzufügen*, und erstellen Sie **noch zwei weitere Szenarien**:

```
KreditMittel      B3: 180000     B7: 7,5%
KreditSchlecht    B3: 200000     B7: 10%
```

5. Aktivieren Sie die Schaltflächen *OK* und *Bericht*. Geben Sie **als Ergebniszelle** B8 ein, und bestätigen Sie mit *OK*.

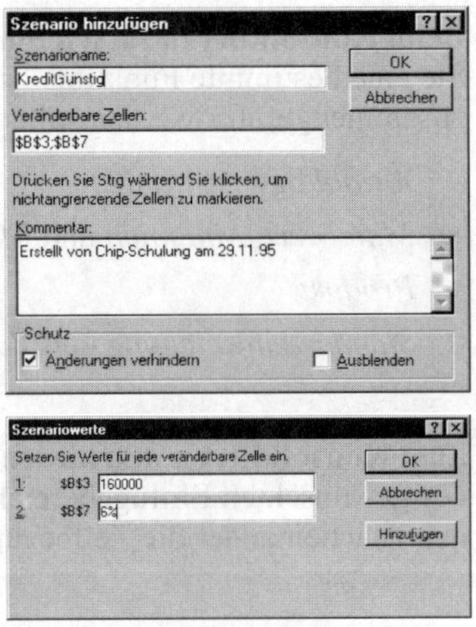

Szenarios entwerfen

Mehrfachoperation mit einer Variablen

1. Klicken Sie im Blatt *Kreditbewertung* auf B11, und geben Sie dort ein:

```
=B8
```

2. Fügen Sie in A12:A16 folgende **Liste mit Laufzeiten** ein:

```
A12: 12
A13: 14
A14: 16
A15: 20
A16: 36
```

3. Markieren Sie A11:B16, und wählen Sie *Daten/Mehrfachoperation*. Der **Cursor blinkt im Textfeld** *Werte aus Zeile*.
4. Klicken Sie in das Feld *Werte aus Spalte*, und markieren Sie **in der Tabelle** die Zelle B6. Bestätigen Sie mit *OK*.
5. Formatieren Sie die Ergebnisse in B12:B16 übersichtlicher, indem Sie das *Währungsformat* [Symbol] zuweisen.

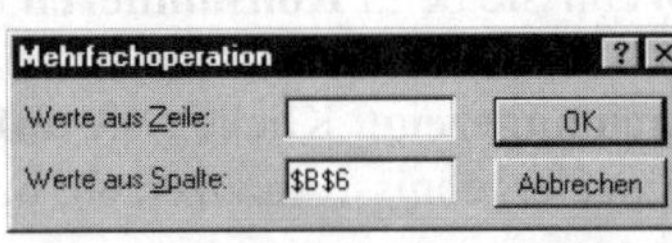

Eine Mehrfachoperation mit einer Variablen

11		8.058,14 DM
12	12	15243,39624
13	14	13188,59156
14	16	11648,1442
15	20	9493,091474
16	36	5673,509287

Die berechneten Werte

Im Beispiel setzen Sie die Funktionen ABS() und RMZ() ein, um die **monatliche Belastung** zu berechnen. Mit der **Funktion ABS()** können Sie den **Absolutwert einer Zahl**, also den Wert unabhängig vom Vorzeichen, zurückgeben. Diese Funktion ist nötig, weil **RMZ() ein negatives Ergebnis liefert**. Die Funktion benötigt als Argument nur den Wert oder Zellbezug, der als Absolutwert zurückgegeben werden soll:

```
ABS(Zahl)
```

Die **Funktion RMZ()** berechnet den **Wert**, der im vereinbarten Zeitabstand (hier monatlich) zurückgezahlt werden muß, also die **monatliche Belastung** durch den Kredit. Die Funktionssyntax:

```
RMZ(Zins;Zzr;Bw;Zw;F)
```

- *Zins*: entspricht dem **Zinssatz** pro Zahlungszeitraum.
- *Zzr*: entspricht der Anzahl der Perioden für die Rückzahlung, also der **Laufzeit** des Kredits.
- *Bw*: entspricht dem **Barwert**, also hier dem vorgesehenen **Kreditbetrag**.
- *Zw*: ist **optional** und entspricht dem gewünschten **Endwert**, der am letzten Zahltag erreicht werden soll.
- *F* ist ebenfalls **optional** und entspricht der **Fälligkeit**: bei „**0**" fällig am **Ende**, bei „**1**" am **Anfang** der Periode.

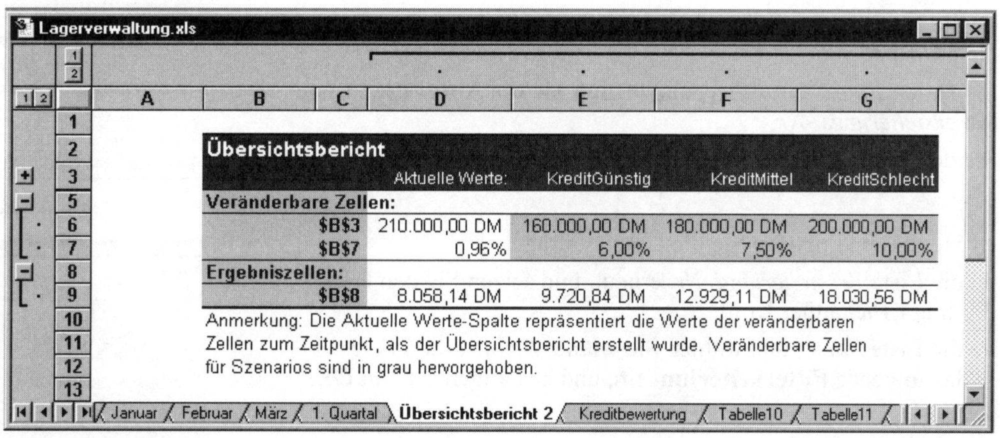

Eine **Mehrfachoperation** ist ein **Zellbereich**, in dem die **Ergebnisse einer Was-Wäre-Wenn-Berechnung** angezeigt werden. Hierbei werden in einer Formel unterschiedliche Werte eingesetzt, um verschiedene Möglichkeiten durchzuspielen. Mehrfachoperationen können wie hier mit **einer Variablen** oder mit **zwei Variablen** durchgeführt werden.

Mehrfachoperationen ermöglichen eine schnelle Berechnung mehrerer Endergebnisse unter verschiedenen Bedingungen und den Vergleich von Auswirkungen, die eine oder mehrere Variablen auf ein Endergebnis haben. Bei einer spaltenorientierten Mehrfachoperation mit einer Variablen, wie im Beispiel, schreiben Sie die **Formel**, mit der die Mehrfachoperation rechnen soll, in **die Zelle oberhalb** und **rechts neben den ersten Wert**.

Da eine **Mehrfachoperation als Matrixformel** in den markierten Bereich eingegeben wird, können Sie nicht einzelne Zellen dieser Matrix löschen oder bearbeiten. Klicken Sie auch hier in eine Zelle der Matrix, und führen Sie die Veränderung dann in der Bearbeitungszeile durch. Schließen Sie die Bearbeitung mit [Strg]+[⇧]+[↵] ab.

Mehrfachoperation mit zwei Variablen

1. Löschen Sie **den Wert in B11**, und geben Sie in B11:E11 das **Eigenkapital** an:

```
B11: 30000
C11: 40000
D11: 60000
E11: 80000
```

2. Klicken Sie in die Zelle A11, und geben Sie dort den **Bezug zur Formel** ein:

```
=B8
```

3. Markieren Sie A11:E16, und wählen Sie *Daten/Mehrfachoperation.*
4. Klicken Sie im Textfeld *Werte aus Zeile* auf die Zelle B4 und im Feld *Werte aus Spalte* auf die Zelle B6.
5. **Starten Sie die Berechnung** mit *OK*. Formatieren Sie auch diese Zahlen im Währungsformat, und passen Sie die Breite an.
6. Speichern Sie die veränderte Mappe mit der Schaltfläche *Arbeitsmappe speichern* .

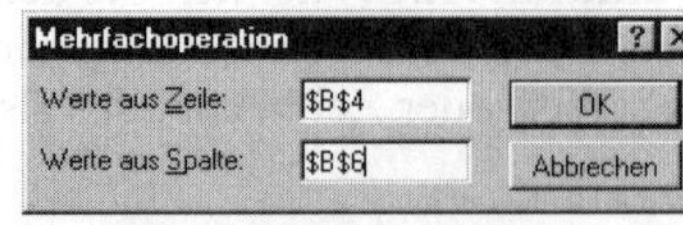

Eine Mehrfachoperation mit zwei Variablen

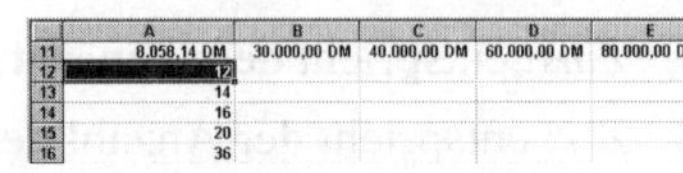

Das variable Eigenkapital

Benutzerdefinierte AutoFilter

1. Öffnen Sie die Mappe *Adressen*, und klicken Sie **in den Listenbereich** der Tabelle *Mitarbeiter*.
2. Wählen Sie *Daten/Filter/AutoFilter*, und **öffnen Sie die AutoFilter-Liste** der Spalte *Versicherungs.-Nr.*
3. Wählen Sie den Eintrag *Benutzerdefiniert*, und geben Sie im Textfeld ein:

```
53*
```

4. Aktivieren Sie *OK*, und **prüfen** Sie die Listeneinträge.
5. Öffnen Sie die Liste *Versicherungs-Nr.* erneut, und setzen Sie den Filter mit dem Eintrag *(Alle)* außer Kraft.
6. Öffnen Sie die Liste *Name*, und wählen Sie wieder *Benutzerdefiniert.* Geben Sie das folgende **Filterkriterium** ein, und bestätigen Sie mit *OK*.

```
Siegfried M?ller
```

7. Schalten Sie auch diesen Filter mit dem Eintrag *(Alle)* wieder aus.

Joker (*) für eine Zeichenkette

Joker (?) für ein einzelnes Zeichen

Filtern mit UND-Verknüpfung

1. Öffnen Sie die Liste *PLZ*, und **wählen Sie erneut den Eintrag** *Benutzerdefiniert.*
2. Wählen Sie aus der Liste der **Vergleichsoperatoren** den Eintrag „>“, und geben Sie in das **Textfeld rechts daneben** ein:

```
40219
```

3. Markieren Sie die Optionsschaltfläche *Und*, und wählen Sie in der zweiten Liste mit **Vergleichsoperatoren** den Eintrag „<“.
4. Geben Sie in das Textfeld daneben ein:

```
40230
```

5. Aktivieren Sie die Schaltfläche *OK*, und **vergleichen Sie mit den rechts abgebildeten Datensätzen.**

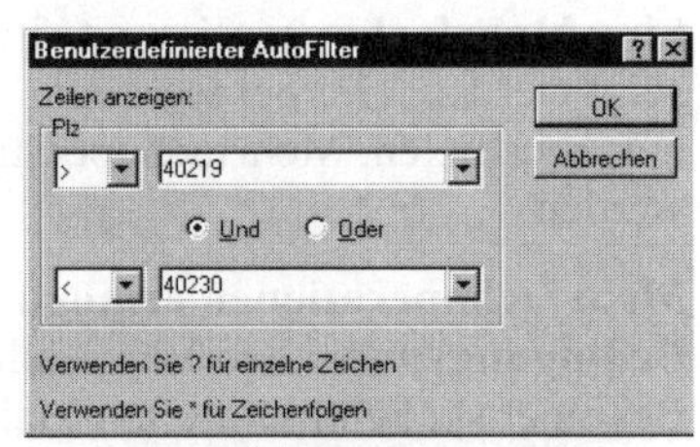

Filter mit UND-Verknüpfung

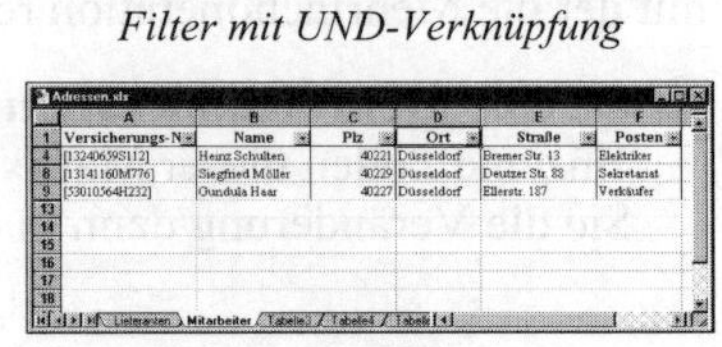

Datensätze mit PLZ zwischen 40219 und 40230

Bei der Erstellung einer **Mehrfachoperation mit zwei Variablen** geben Sie die **Werte für eine Variable unterhalb** der Formel und die **Werte für die andere Variable rechts neben der Formel** ein. Wie Sie die Werte anordnen, spielt hierbei keine Rolle. Entscheidend ist der **Bezug**, den Sie in den Feldern *Werte aus Zeile* und *Werte aus Spalte* herstellen.

11	8.058,14 DM	30.000,00 DM	40.000,00 DM	60.000,00 DM	80.000,00 DM
12	12	15.952,39 DM	15.066,15 DM	13.293,66 DM	11.521,17 DM
13	14	13.802,01 DM	13.035,24 DM	11.501,68 DM	9.968,12 DM
14	16	12.189,92 DM	11.512,70 DM	10.158,27 DM	8.803,83 DM
15	20	9.934,63 DM	9.382,71 DM	8.278,86 DM	7.175,01 DM
16	36	5.937,39 DM	5.607,54 DM	4.947,83 DM	4.288,12 DM

Wenn Sie die **Mehrfachoperation durch die einzelnen Ergebniswerte ersetzen** wollen, markieren Sie die gesamte Mehrfachoperation, wählen *Bearbeiten/Kopieren* und *Bearbeiten/Inhalte einfügen.* Markieren Sie die Optionsschaltfläche *Werte*, und klicken Sie auf *OK*. Zum **Löschen der Matrix** wählen Sie *Bearbeiten/Inhalte löschen*, markieren die Optionsschaltfläche *Formeln* und aktivieren *OK*.

Ist Ihnen **nicht die komplette Zeichenkette bekannt**, sondern nur ein Teil, so können Sie für fehlende Teile das Fragezeichen „?“ oder das Zeichen „*“ als **Platzhalter** einsetzen:

- Setzen Sie das Fragezeichen „?“ für jedes **einzelne Zeichen** ein, das Ihnen nicht bekannt ist oder das für den Filter nicht von Bedeutung sein soll.
- Setzen Sie das Zeichen „*“ für eine **Zeichenkette** ein, die Ihnen nicht bekannt ist oder die für den Filter nicht von Bedeutung sein soll. Falls es sich bei dem bekannten Teil der Zeichenkette um den **Anfang** handelt, können Sie das Zeichen „*“ auch weglassen.
- Wenn Sie ein Fragezeichen bzw. ein Sternchen „*“ selbst suchen, so geben Sie vor dem Zeichen eine Tilde „~“ ein, damit dieses Zeichen nicht als Joker interpretiert wird.

STOP Die **Platzhalter können Sie nur für Zeichenketten, nicht für numerische Werte** einsetzen. Im Beispiel würde deshalb **kein Datensatz angezeigt**, wenn Sie versuchten, mit dem Platzhalter „?“ die Postleitzahlen zu filtern.

Das Dialogfeld *Benutzerdefinierter AutoFilter* setzen Sie ein, wenn Sie **mehr als ein Filterkriterium für eine Spalte** verwenden wollen oder wenn Sie nicht mit einem der Spalteneinträge, sondern mit einem Wertebereich bzw. einem Teil des Spalteneintrages filtern wollen.

Die Optionsschaltfläche ***Und*** entspricht in ihrer Bedeutung der bereits vorgestellten Funktion UND(). Filterkriterien, die Sie im Dialogfeld *Benutzerdefinierter AutoFilter* mit der Schaltfläche *Und* verknüpfen, müssen beide in einem Datensatz vorhanden sein, damit er angezeigt wird.

Wenn Sie einen **Wertebereich filtern** wollen, geben Sie die obere und die untere Grenze, verbunden durch die Optionsschaltfläche *Und*, ein. Sie können dabei, wie im Beispiel, die Operatoren *Kleiner als* „<“ und *Größer als* „>“ einsetzen oder, falls die eingegebene Werte **als minimaler Wert** und **als maximaler Wert** mitangezeigt werden sollen, die Operatoren „<=“ und „>=“ verwenden.

Filtern mit ODER-Verknüpfung

1. Öffnen Sie die AutoFilterliste *PLZ*, wählen Sie *Benutzerdefiniert*, und **belassen Sie die eingetragenen Filterkriterien unverändert**. Markieren Sie statt der Optionsschaltfläche *Und* die Schaltfläche *Oder*, und bestätigen Sie mit *OK*.
2. **Prüfen Sie das** Ergebnis, und **setzen Sie** dann den **Filter** mit dem Eintrag *(Alle)* aus der AutoFilterliste *PLZ* **zurück**.
3. Öffnen Sie die AutoFilterliste *Posten*, und wählen Sie wieder den Eintrag *Benutzerdefiniert*.
4. **Öffnen Sie das einzeilige Listenfeld** für die Filterkriterien, und wählen Sie den Eintrag *Verkäufer* aus.
5. Markieren Sie die Optionsschaltfläche *Oder*, und wählen Sie **aus der zweiten Liste** mit Vergleichsoperatoren den Eintrag „=“. Markieren Sie in der zweiten Liste der Filterkriterien den Eintrag *Verkäuferin*.
6. Schließen Sie das Dialogfeld mit *OK*, und **prüfen Sie das Ergebnis**. Schalten Sie den AutoFilter mit *Daten/Filter/AutoFilter* wieder aus.

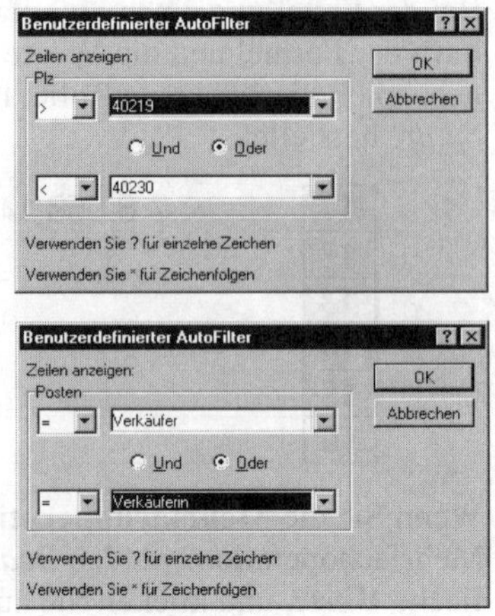

Filtern mit ODER-Verknüpfung

Suchkriterien- und Zielbereich

1. **Wechseln** Sie mit dem Befehl *Fenster/Lagerverwaltung* **zur anderen Mappe**, und **aktivieren** Sie das Blatt *Artikelliste*.
2. Markieren Sie A18:I19, und wählen Sie *Einfügen/Namen/Festlegen*. Geben Sie bei *Namen in der Arbeitsmappe* ein:

   ```
   Suchkriterien
   ```
3. Aktivieren Sie die Schaltfläche *Hinzufügen*, und überschreiben Sie den *Namen in der Arbeitsmappe* mit „Zielbereich“.
4. Markieren Sie den Bezug im Feld *Bezieht sich auf*, und markieren Sie **in der Tabelle** A21:I36.
5. Aktivieren Sie wieder die Schaltfläche *Hinzufügen*, und schließen Sie das Dialogfeld mit *OK*.

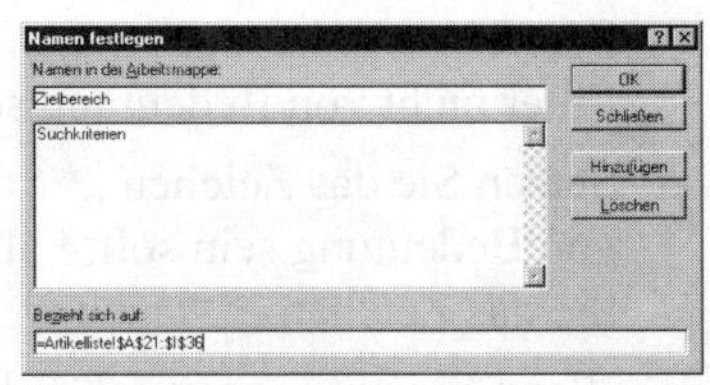

Namen festlegen

Filtern mit Suchkriterienbereich

1. Markieren Sie A1:I1, und aktivieren Sie die Schaltfläche *Kopieren*.
2. Klicken Sie in A18, aktivieren Sie die Schaltfläche *Einfügen*, und drücken Sie ↵.
3. Geben Sie **unter** der Überschrift *Artikelgruppe* in die Zelle C19 ein:

   ```
   Leuchten
   ```
4. Klicken Sie **in den Listenbereich**, und wählen Sie *Daten/Filter/Spezialfilter*.
5. **Prüfen** Sie, ob die **automatisch eingetragenen Bezüge** in den Textfeldern **korrekt** sind:

   ```
   Listenbereich:        $A$1:$I$16
   Kriterienbereich:     $A$18:$I$19)
   Ausgabebereich:       $A$21:$I$36
   ```
6. Aktivieren Sie die Schaltfläche *OK*, und **prüfen Sie die gefilterte Liste**.

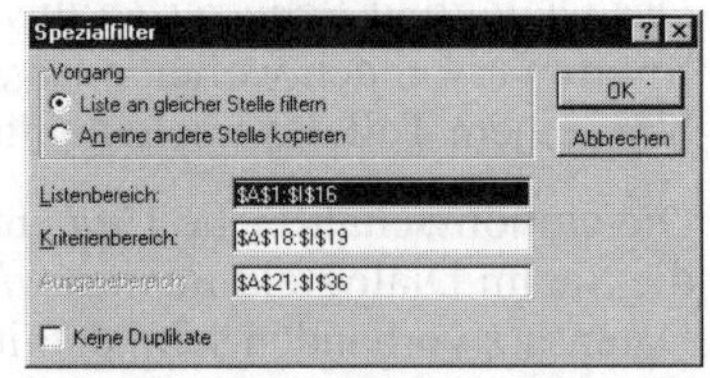

Das Dialogfeld „Spezialfilter“

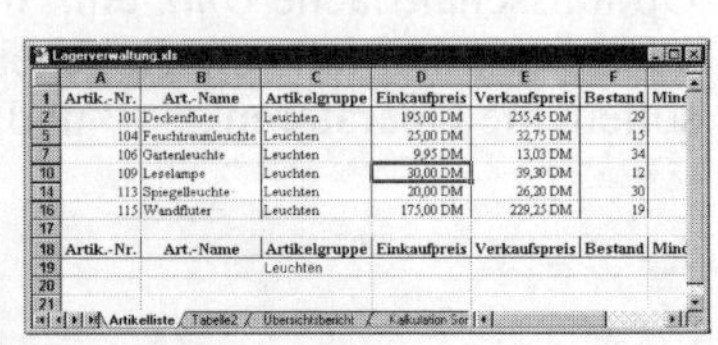

Ausschnitt der gefilterten Liste

Zusatzwissen

Das **einzeilige Listenfeld** im Dialogfeld *Benutzerdefinierter AutoFilter* läßt sich auf verschiedene Weise nutzen. Sie können dort selbst Werte eintragen oder die Liste öffnen und aus allen Spalteneinträgen einen auswählen, den Sie als Filterkriterium benutzen wollen.

Die Optionsschaltfläche *Oder* entspricht ebenfalls der Bedeutung der schon vorgestellten Funktion ODER(). **Von zwei im Dialogfeld *Benutzerdefinierter AutoFilter* eingetragenen Filterkriterien muß nur eines im Datensatz vorhanden** sein, damit dieser angezeigt wird.

Sie bereiten hier die Tabelle auf den Einsatz eines Spezialfilters vor. Ein Spezialfilter ist **leistungsfähiger** als die standardmäßigen oder benutzerdefinierten AutoFilter.

Ein Spezialfilter, der sich auf das Filtern beschränkt, benötigt nur einen Suchkriterienbereich. Soll der Spezialfilter Datensätze filtern und außerdem kopieren, benötigt er zusätzlich einen Ausgabebereich.

- Der ***Suchkriterienbereich*** enthält die Spaltenbeschriftungen der Tabelle. Darunter werden in einer oder mehreren Zeilen die Filterkriterien eingegeben.
- Der ***Zielbereich***, auch ***Ausgabebereich*** genannt, nimmt die Kopien der Datensätze auf, die die angegebenen Filterkriterien enthalten.

Wenn Sie wie im Beispiel die Tabellenbereiche, die Sie als Suchkriterienbereich und als Zielbereich verwenden wollen, **vor dem Einsatz des Spezialfilters benennen**, entfällt das Markieren dieser Bereiche, was insbesondere bei umfangreichen Spaltenbeschriftungen umständlich ist.

Sie müssen allerdings die festgelegten Namen ***Suchkriterien*** und ***Zielbereich*** verwenden. Dann erkennt Excel diese Bereiche und **trägt die Bezüge automatisch als absolute Bezüge in die entsprechenden Textfelder** des Dialogfeldes *Spezialfilter* ein.

Spezialfilter mit UND-Verknüpfung

1. **Setzen Sie den Filter** mit *Daten/Filter/Alle anzeigen* wieder **zurück**.
2. Filtern Sie die Liste mit einer **UND-Verknüpfung** so, daß **alle Leuchten über 100,00 DM Einkaufspreis** angezeigt werden:

```
C19: Leuchten
D19: >100
```

3. Klicken Sie in den Listenbereich, und wählen Sie *Daten/Filter/Spezialfilter*.
4. Überprüfen Sie die Eintragungen in den Textfeldern, und aktivieren Sie die Schaltfläche *OK*.
5. **Löschen Sie die eingetragenen Suchkriterien** in den Zellen C19 und D19.
6. **Zeigen Sie alle Datensätze** mit dem Befehl *Daten/Filter/Alle anzeigen* wieder an.

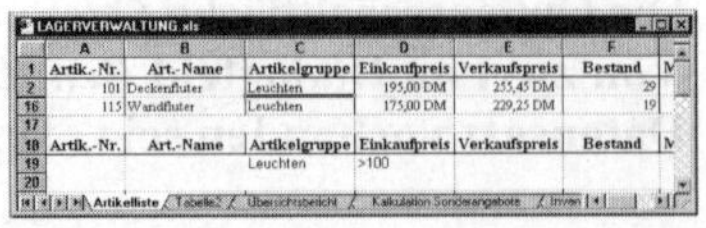

Die gefilterte Liste

Wertebereich mit UND-Verknüpfung

1. Filtern Sie die Liste so, daß **alle Artikel mit einem Verkaufspreis von 50 bis 200 DM** angezeigt werden.
2. **Kopieren Sie** dazu **die Spaltenbeschriftung** *Verkaufspreis* nochmals in die Zelle F18.
3. Geben Sie folgende **Filterkriterien** ein:

```
E19: >49
F19: <201
```

4. Klicken Sie in den Listenbereich, und wählen Sie *Daten/Filter/Spezialfilter*.
5. **Prüfen Sie die Bezüge in den Textfeldern**, und aktivieren Sie die Schaltfläche *OK*.
6. **Überprüfen Sie das Ergebnis**, und **löschen** Sie die eingetragenen Filterkriterien anschließend.
7. Zeigen Sie alle Datensätze mit *Daten/Filter/Alle anzeigen* wieder an.

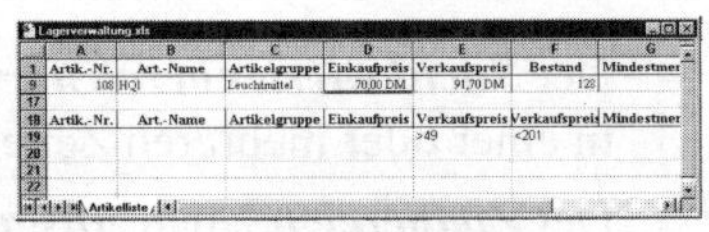

Nur ein Datensatz erfüllt die Filterkriterien

Spezialfilter mit ODER-Verknüpfung

1. Klicken Sie in die Zelle I19, und geben Sie dort **als Filterkriterium** ein:

```
<1
```

2. Geben Sie in die **Zelle I20** ein:

```
Lager auffüllen!
```

3. Klicken Sie in den Listenbereich, und wählen Sie *Daten/Filter/Spezialfilter*.
4. **Ändern Sie den Bezug** zum *Kriterienbereich* wie folgt:

```
$A$18:$I$20
```

5. Aktivieren Sie die Schaltfläche *OK*, und **vergleichen Sie das Ergebnis** mit der rechts abgebildeten Tabelle.
6. Wählen Sie *Daten/Filter/Alle anzeigen*.

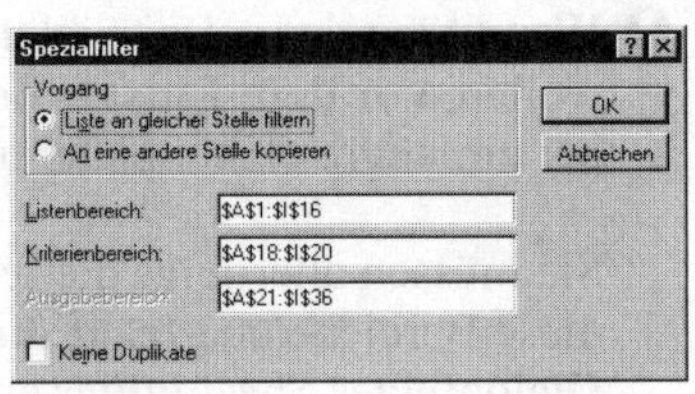

Suchkriterienbereich erweitern

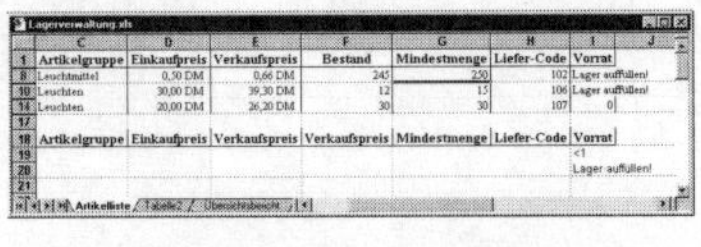

Das Ergebnis des Filters

Einen **Spezialfilter setzen Sie ein**, wenn Sie **mehr als zwei Filterkriterien** mit UND- bzw. ODER-Verknüpfung für eine Spalte festlegen wollen und wenn Sie bestimmte Filter für eine Liste, die sich verändert, immer wieder benutzen wollen. Bei der Suche mit einem Spezialfilter geben Sie die Filterkriterien unter den kopierten Spaltenüberschriften ein. **Filterkriterien**, die Sie mit **UND verknüpfen** wollen, müssen Sie **in einer Zeile nebeneinander** eingeben.

Der **Suchkriterienbereich muß nicht alle Spaltenbeschriftungen enthalten**. Es reicht aus, wenn Sie diejenigen Spaltenbeschriftungen übernehmen, für die Sie Filterkriterien festlegen wollen.

Excel **unterscheidet** beim Filtern mit den eingegebenen Suchkriterien übrigens **nicht zwischen Groß- und Kleinschreibung**.

Auch hier gilt: Die eingegebene Zeichenkette wird als Anfang der Suchfolge verstanden. „Leuchten" würde also auch Einträge wie „Leuchtenhalter" usw. finden. Suchen Sie eine **genaue Zeichenfolge**, geben Sie diese **als Formel** mit **Gleichheitszeichen** und **in Anführungszeichen** in den Kriterienbereich ein:

```
="=Leuchten"
```

Falls Sie **Filterkriterien mit UND verknüpfen wollen**, um z. B. einen **Wertebereich innerhalb einer Spalte zu filtern**, müssen Sie die **Spaltenbeschriftung kopieren** oder **ein zweites Mal schreiben**, damit Sie beide Filterkriterien in jeweils eine Zeile eintragen können. Wenn Sie sicher sein wollen, daß die Spaltenbeschriftung korrekt geschrieben ist, sollten Sie diese kopieren.

Sie können beliebig viele Zeilen in den Suchkriterienbereich aufnehmen. Achten Sie jedoch darauf, den Bezug im Dialogfeld *Spezialfilter* unter *Kriterienbereich* zu korrigieren.

Der Kriterienbereich darf **niemals nicht genutzte Zeilen** enthalten. Definieren Sie den Suchkriterienbereich deshalb nie größer, als Sie ihn tatsächlich einsetzen wollen. Leere Zeilen im Suchkriterienbereich verhindern das Filtern.

Filterkriterien, die Sie als alternative Kriterien mit ODER verknüpfen wollen, müssen Sie untereinander in den Kriterienbereich eintragen. Sie können dabei Filterkriterien **für eine Spalte** oder **für mehrere Spalten** mit ODER verknüpfen.

Filtern und Kopieren mit Spezialfiltern

1. Klicken Sie auf den Zeilenkopf der Zeile 19, und wählen Sie *Bearbeiten/ Zellen löschen.*
2. **Überschreiben Sie die Beschriftung** in Zelle F18 wieder mit *Bestand.*
3. Setzen Sie den Cursor in den Listenbereich, und wählen Sie *Daten/Filter/Spezialfilter.*
4. Markieren Sie in der Optionsgruppe *Vorgang* die Optionsschaltfläche *An eine andere Stelle kopieren.*
5. Aktivieren Sie die Schaltfläche *OK.* Prüfen Sie das Ergebnis im Zielbereich.
6. **Speichern Sie die geänderte Arbeitsmappe.**

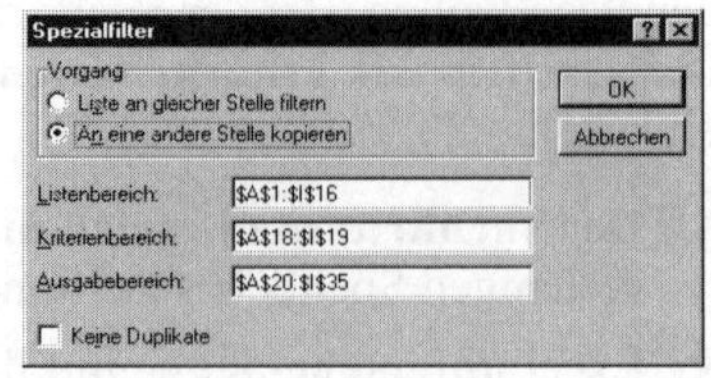

Gefilterte Daten kopieren

Zellen schützen und Formeln ausblenden

1. Markieren Sie in der Artikelliste **alle Zellen, die keine Formeln enthalten,** das sind die Zellen A1:D16 und F1:H16.
2. Wählen Sie *Format/Zellen,* und blenden Sie die Registerkarte *Schutz* ein.
3. **Schalten** Sie das Kontrollkästchen *Gesperrt* **aus,** und schließen Sie das Dialogfeld mit *OK.*
4. Markieren Sie nun E2:E16 sowie I2:I16, und wählen Sie *Format/Zellen.*
5. Schalten Sie das Kontrollkästchen *Formel ausblenden* ein, und schließen Sie das Dialogfeld mit *OK.*
6. Wählen Sie *Extras/Dokument schützen/Blatt,* und tragen Sie als Kennwort ein:

   `Chip-Schulung`
7. Schließen Sie das Dialogfeld mit *OK,* **bestätigen Sie das Kennwort durch erneute Eingabe,** und aktivieren Sie wieder *OK.*
8. **Versuchen** Sie nun, den Eintrag in Zelle I2 zu überschreiben oder zu löschen.

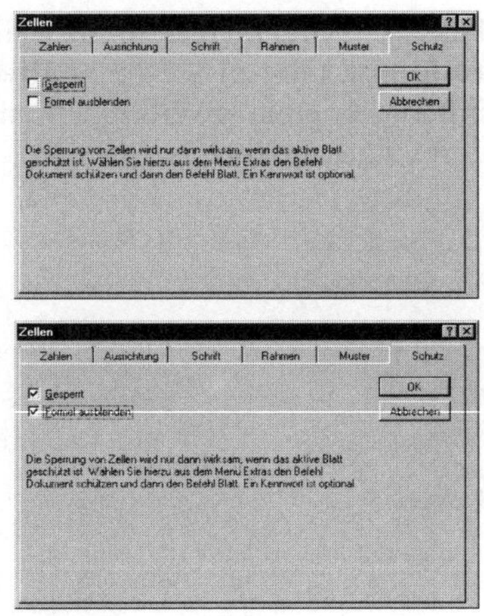

Zellschutz vorbereiten

Sicherungsdatei und Schreibschutzempfehlung

1. **Blenden Sie die Fehlermeldung mit *OK* aus,** und **speichern** Sie die Datei mit *Datei/Speichern unter.*
2. Aktivieren Sie im Dialogfeld *Speichern unter* die Schaltfläche *Optionen,* und schalten Sie die **Kontrollkästchen** *Sicherungsdatei erstellen* sowie *Schreibschutz empfehlen* **an.**
3. Schließen Sie das Dialogfeld *Speichern-Optionen* mit der Schaltfläche *OK,* und **speichern Sie die Arbeitsmappe** mit der Schaltfläche *Speichern.*
4. **Bestätigen** Sie **gegebenenfalls das Ersetzen der bestehenden Datei** mit *Ja,* und schließen Sie die Datei.
5. Wählen Sie anschließend *Datei/1 Lagerverwaltung.xls.*
6. Klicken Sie auf *Ja,* **um die Datei schreibgeschützt zu öffnen.** Versuchen Sie, die Datei zu speichern, und blenden Sie die Meldung mit *OK* aus.
7. Blenden Sie das Dialogfeld *Speichern unter* mit *Abbrechen* aus, und **schließen** Sie die Mappe, **ohne sie zu speichern.**

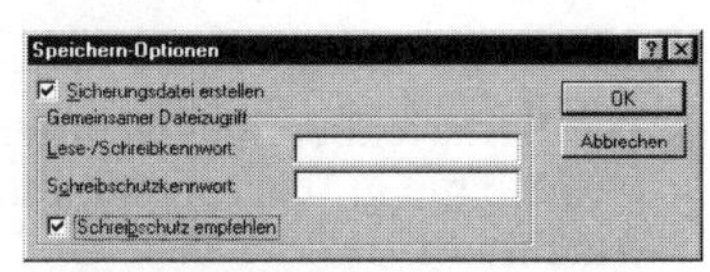

Schreibschutz empfehlen

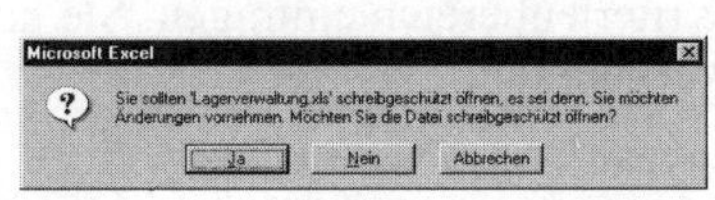

Zusatzwissen

Eine weitere Einsatzmöglichkeit des Spezialfilters haben Sie hier kennengelernt. Der **Spezialfilter kann in einem Arbeitsgang Datensätze filtern und** an eine andere Position im gleichen oder in einem anderen Arbeitsblatt **kopieren**. In Zusammenhang mit der bereits vorgestellten Funktion SVERWEIS() ergeben sich hier viele Möglichkeiten, z. B. zur automatischen Adreßverwaltung.

Filtern und kopieren Sie alle Datensätze

- von Lieferanten, die einen bestimmten Artikel anbieten.
- von Kunden, die das Zahlungsziel überschritten haben und denen Sie eine Mahnung schicken wollen.
- von Mitarbeitern, die einen bestimmten Umsatz aufweisen.
- von Artikeln, die nachbestellt werden müssen, weil sie den Mindestbestand erreicht haben.

Das Textfeld *Ausgabebereich* ist nur wählbar, wenn Sie die Schaltfläche *An eine andere Stelle kopieren* markiert haben. Sollten Sie dieses Feld also nicht aktivieren können, wechseln Sie die Schaltfläche in der Optionsgruppe *Vorgang*.

Dem Datenschutz kommt in der EDV eine immer größere Bedeutung zu. Hierbei müssen Sie unterscheiden zwischen **Daten, die vor Veränderung oder Löschen geschützt** werden müssen, und **Daten, die vor dem generellen Zugriff unbefugter Anwender** geschützt werden sollen.

Formeln sollen vor unbeabsichtigter Veränderung geschützt werden, die Personaldaten dürfen nur von bestimmten Personen eingesehen werden.

Sie haben in Excel viele verschiedene Möglichkeiten, Ihre Daten zu schützen:

- Sie können sich vor Datenverlust durch das automatische Erstellen von Sicherungskopien schützen.
- Sie können die **Werte** einer Zelle **vor Veränderung** schützen oder die **Formeln verbergen**.
- Sie können die **Reihenfolge der Blätter** in einer Mappe oder deren **Fensteraufbau** schützen.
- Sie können eine Mappe mit **Schreibschutzempfehlung** oder **Schreibschutz** versehen.
- Sie können eine Mappe mit einem **Zugriffsschutz** versehen.

Wenn Sie das Kontrollkästchen *Sicherungsdatei erstellen* aktivieren, **wird bei jedem Speichern der Mappe aus der jeweils vorherigen Version eine Sicherungskopie erstellt**. Sicherungskopien werden im selben Verzeichnis mit dem Windows-Namen *Sicherungskopie von Mappenname* und der Erweiterung *XLK* gespeichert.

Eine **Schreibschutzempfehlung** ist sozusagen die **erste Stufe der Sicherung vor versehentlichem Überschreiben** einer Mappe. Ein Schreibschutz erinnert Sie beim Öffnen daran, daß die Mappe Daten enthält, die nicht ohne weiteres geändert werden sollten. Sie können sich jedoch beim Öffnen der Mappe bewußt dafür entscheiden, die Mappe nicht geschreibgeschützt zu öffnen, wenn Sie die Daten ändern wollen. Falls Sie die **Mappe schreibgeschützt geöffnet haben**, können Sie diese **nur unter einem anderen Namen speichern**.

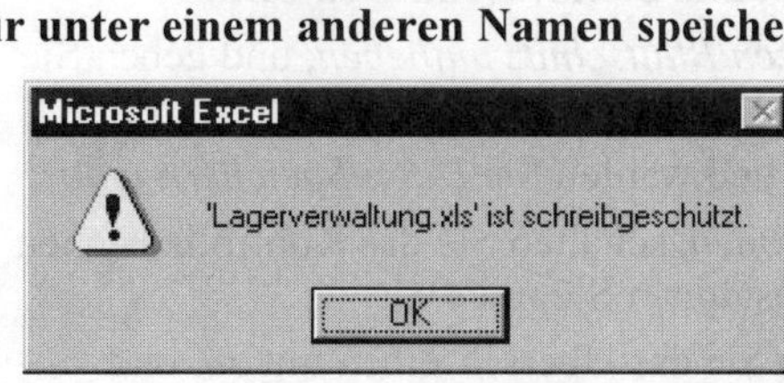

Datei mit Schreibschutz versehen

1. Speichern Sie nun die Arbeitsmappe *Adressen.xls* mit *Datei/Speichern unter*.
2. Aktivieren Sie die Schaltfläche *Optionen*, und schreiben Sie **ein beliebiges Kennwort** in das Feld *Schreibschutzkennwort*.
3. **Notieren** Sie sich das eingegebene Kennwort, und aktivieren Sie *OK*.
4. Geben Sie das Kennwort **zur Bestätigung nochmals** in das Textfeld *Kennworteingabe wiederholen* ein.
5. Schließen Sie das Dialogfeld *Kennwort bestätigen* mit *OK* und das Dialogfeld *Speichern unter* mit der Schaltfläche *Speichern*.
6. **Bestätigen** Sie auch hier das **Überschreiben der bestehenden Datei** mit *Ja*. Schließen und öffnen Sie die Datei.
7. **Geben Sie das Kennwort ein**, und aktivieren Sie die Schaltfläche *OK*.

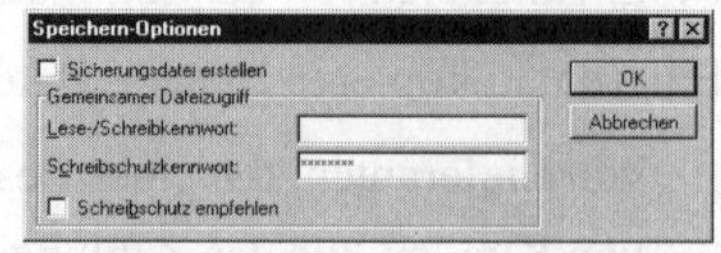

Ein Schreibschutzkennwort

Datei mit Zugriffsschutz versehen

1. Wählen Sie erneut *Datei/Speichern unter*, und aktivieren Sie wieder die Schaltfläche *Optionen*.
2. Markieren Sie den Eintrag im Feld *Schreibschutzkennwort*, und drücken Sie [Entf].
3. **Geben Sie das Kennwort** diesmal in das Feld *Lese-/Schreibkennwort* ein.
4. Bestätigen Sie mit *OK*, und **wiederholen Sie auch diese Eingabe** im Feld *Kennworteingabe wiederholen*. Aktivieren Sie die Schaltfläche *OK*.
5. **Speichern** Sie die Mappe mit der Schaltfläche *Speichern*, **bestätigen** Sie **gegebenenfalls** das Ersetzen der vorhandenen Datei, und schließen Sie sie mit der Schaltfläche *Schließen* [X] in der Titelleiste.
6. Öffnen Sie die Datei mit *Datei/1 Adressen.xls*, und **geben Sie das Kennwort** ein. Bestätigen Sie es mit *OK*.
7. Wählen Sie erneut *Datei/Speichern unter*, und aktivieren Sie wieder die Schaltfläche *Optionen*.

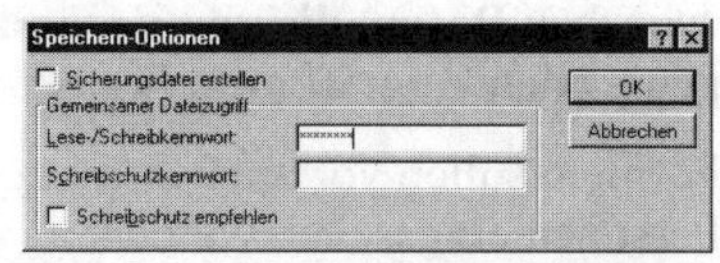

Lese-/Schreibkennwort

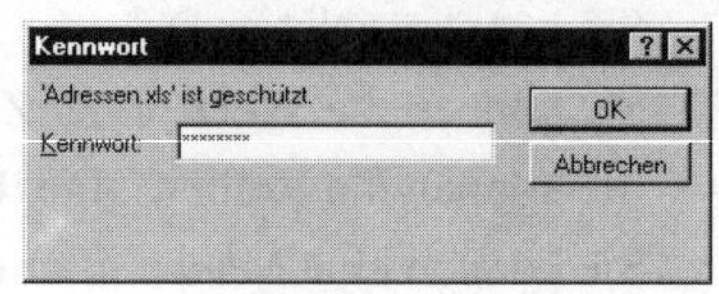

Kennwort eingeben

Kennwörter löschen

1. **Löschen** Sie den Eintrag im Feld *Lese-/Schreibkennwort*, und aktivieren Sie die Schaltfläche *OK*.
2. Speichern Sie die Mappe mit *Speichern*, und bestätigen Sie das Ersetzen mit *Ja*.
3. **Schließen** Sie die Mappe mit Doppelklick auf das Systemmenüfeld.
4. **Öffnen** Sie die Mappe *Lagerverwaltung.xls*, und aktivieren Sie im Dialogfeld die Schaltfläche *Nein*, **um die Datei ohne Schreibschutz zu öffnen**.
5. Wählen Sie *Extras/Dokument schützen/Blattschutz aufheben*, und geben Sie das Kennwort *Chip-Schulung* ein.
6. Aktivieren Sie die Schaltfläche *OK*, und wählen Sie *Datei/Speichern unter*.
7. Aktivieren Sie die Schaltfläche *Optionen*, schalten Sie das Kontrollkästchen *Schreibschutz empfehlen* aus, und bestätigen Sie mit *OK*.
8. Aktivieren Sie *Speichern*, bestätigen Sie das Überschreiben mit *Ja*, und **schließen Sie die Mappe**.

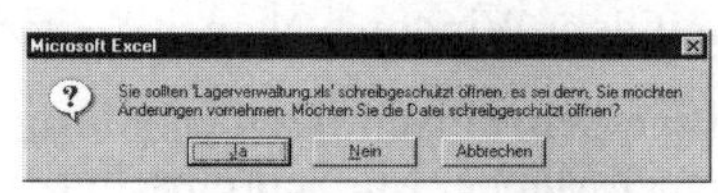

Ohne Schreibschutz öffnen

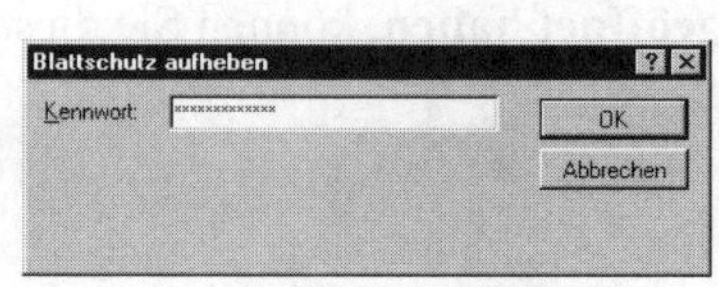

Blattschutz aufheben

Der ***Schreibschutz* ist die nächste Sicherungsstufe**. Im Gegensatz zur *Schreibschutzempfehlung* **läßt sich ein Schreibschutz beim Öffnen nicht ausschalten, wenn das Schreibschutzkennwort unbekannt ist**.

Falls Sie Mappen mit mehreren Personen benutzen und deren Inhalt nicht von jedem Anwender verändert werden darf, sollten Sie einen Schreibschutz vergeben. Sie können dann den zur Veränderung befugten Personen das entsprechende Kennwort mitteilen.

Wollen Sie eine **Mappe nur für eine Sitzung schreibgeschützt öffnen**, müssen Sie kein Schreibschutzkennwort vergeben. Markieren Sie im Dialogfeld *Öffnen* den Namen der Mappe, und aktivieren Sie in der Symbolleiste die Schaltfläche *Befehle und Einstellungen*. Wählen Sie den Befehl *Schreibgeschützt öffnen*.

Ob eine **geöffnete Mappe schreibgeschützt** ist, können Sie auch vor dem Speichern feststellen, da sie mit dem **Zusatz [Schreibgeschützt] in der Titelleiste** gekennzeichnet ist.

Ein ***Zugriffsschutz* bildet die höchste Sicherungsstufe für eine Arbeitsmappe**. Ein Zugriffskennwort gewährt nur dem Anwender Einblick in eine Mappe, der im Besitz des entsprechenden Kennwortes ist. Andere Anwender können die Mappe, im Gegensatz zum *Schreibschutzkennwort*, gar **nicht öffnen**. Ein Zugriffskennwort vergeben Sie für alle Mappen, die sensible, z. B. **personengeschützte**, Daten enthalten.

Weder das *Zugriffskennwort* noch das ***Schreibschutzkennwort* schützen eine Mappe vor dem Löschen** mit Windows oder über das Kontextmenü der Dialogfelder *Öffnen/Speichern*. Sie können den Windows-Explorer oder den DOS-Befehl *ATTRIB* einsetzen, um vor dem Löschen einer Datei einen Hinweis auf den Schreibschutzstatus zur erhalten.

Die **wiederholte Eingabe der Kennwörter soll Sie vor dem Verschreiben schützen**, da Sie das eingegebene Kennwort bei der Eingabe nicht kontrollieren können, weil für jedes Zeichen nur ein Platzhalter angezeigt wird.

Sie **können jedes Kennwort**, also sowohl ein Kennwort, das Sie im Dialogfeld *Speichern-Optionen* als Lese-/Schreibkennwort oder als Schreibschutzkennwort vergeben haben, als auch ein Kennwort, das im Dialogfeld *Blatt schützen* bzw. *Arbeitsmappe schützen* eingegeben wurde, natürlich **nur dann ändern oder löschen, wenn Sie das alte Kennwort auch kennen**.

Zum Ändern eines Kennwortes löschen Sie das bestehende Kennwort aus dem Textfeld und tragen das neue Kennwort ein.

Jede Änderung, die Sie im Dialogfeld *Speichern-Optionen* machen, wird erst wirksam, wenn Sie die Datei gespeichert, geschlossen und neu geöffnet haben. Dies ist insbesondere für schreibgeschützte Mappen zu beachten. Der Schreibschutz ist während der aktuellen Sitzung noch nicht aktiv!

Sie sollten unbedingt **jedes festgelegte Kennwort und den Namen der Mappe**, in der Sie es verwenden, **notieren. Falls Sie das Kennwort vergessen, haben Sie keine Möglichkeit mehr**, **es zu ändern**.

CHIP-Schulung von bhv

Excel für Windows 95

3

In dritten Kapitel erfahren Sie, wie Sie Tabellen gliedern und mit den Schaltflächen der Gliederungssymbolleiste arbeiten. Sie werden Daten zusammenfassen und aus den zusammengefaßten Daten ein Diagramm erstellen. Anschließend werden Sie den Ansichten-Manager einsetzen, um die gegliederten Daten in verschiedenen Ansichten zu speichern.

Sie werden dann die Daten innerhalb einer Pivot-Tabelle in verschiedene Beziehungen zueinander setzen und auswerten. Sie erstellen aus den bisher erstellten Tabellen, Ansichten und Szenarien einen Bericht und drucken diesen aus.

Danach werden Sie lernen, wie Sie Daten in einem Fremdformat speichern können und wie Sie externe Datenquellen mit Hilfe von MS Query öffnen, eine Abfrage erstellen oder mehrere Tabellen verknüpfen können.

- Tabellen automatisch gliedern
- Matrixformel ersetzen
- Gliederung vorbereiten
- Gliederung einrichten
- Daten gruppieren und Formatvorlage ändern
- Hierarchieebenen aus- und einblenden
- Diagramm aus gegliederten Daten
- Diagramm in Diagrammblatt verwandeln
- Ansichten erstellen
- Ansichten aktivieren
- Pivot-Tabelle erstellen
- Daten und Felder hinzufügen
- Aufbau der Pivot-Tabelle verändern
- Anzeige der Daten verändern
- Mehrere Konsolidierungsbereiche
- Bericht erstellen
- Szenarien und Ansichten für den Bericht
- Reihenfolge der Berichtsbereiche
- Datensätze im Fremdformat speichern
- Daten mit MS-Query importieren
- Vor- und Nachnamen aufteilen
- Tabellen mit MS Query verknüpfen
- Eine Abfrage erstellen
- Daten ohne Feldnamen einfügen

Tabellen automatisch gliedern

1. Öffnen Sie die Mappe *Lagerverwaltung.xls*, und **blenden Sie die Umsatzübersicht** im Blatt *Januar* ein.
2. Wählen Sie *Daten/Gliederung/AutoGliederung.*
3. Klicken Sie auf die Schaltfläche **vor der Zeile** 7, um die untergeordneten Daten auszublenden.
4. Blenden Sie die Daten mit der Schaltfläche **vor der Zeile** 7 wieder ein.
5. Klicken Sie auf die Schaltfläche **über der Spalte E**, um die untergeordneten Spalten auszublenden.
6. **Drucken Sie die Zusammenfassung aus**, und blenden Sie die ausgeblendeten Spalten mit der Schaltfläche wieder ein.
7. **Entfernen Sie die automatische Gliederung** mit dem Befehl *Daten/Gliederung/Entfernen.*

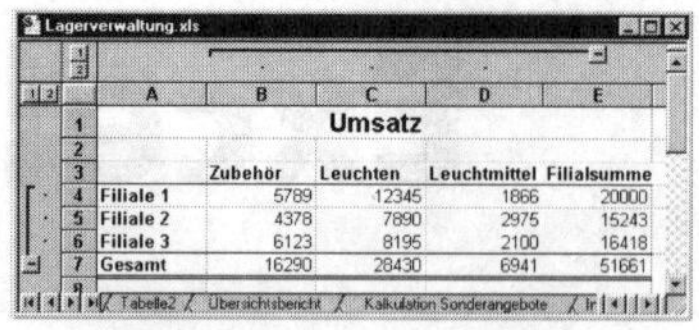

Die automatische Gliederung

Untergeordnete Daten ein-/ausblenden

Matrixformel ersetzen

1. Aktivieren Sie das Blatt *Inventur* durch Klick auf das entsprechende Register. Markieren Sie die **komplette Tabelle von A1:F16**, und betätigen Sie die Schaltfläche *Kopieren*.
2. Aktivieren Sie das **nächste freie Tabellenblatt**, und wählen Sie *Einfügen*. **Benennen Sie das Blatt um** in:
   `Inventur 1. und 2. Halbjahr`
3. Bestätigen Sie mit *OK*, klicken Sie auf den Spaltenkopf von Spalte A, und wählen Sie *Einfügen/Spalten.*
4. Markieren Sie G2:G16, und **klicken Sie in die Bearbeitungsleiste**. Drücken Sie [Strg]+[↵].
5. **Übertragen Sie die Formatierung der Spaltenüberschrift** *Bestand* mit *Format übertragen* auf die Zelle G1 und von **F2 auf H1:16.**
6. Markieren Sie F1:G1, und aktivieren Sie die Schaltfläche *Kopieren.* Klicken Sie auf H1, und wählen Sie *Einfügen.*

Gliederung vorbereiten

1. Geben Sie **in der Spalte H die rechts abgebildeten Daten** (nur die Zahlen) ein, und erstellen Sie in I2:I16 folgende Formel:
   `I2:I16: =H2:H16*E2:E16`[Strg]+[↵]
2. **Ergänzen Sie die Spaltenbeschriftungen wie** folgt:
   `F1: Bestand`[Alt]+[↵]`Januar`   `G1: Warenwert`[Alt]+[↵]`Januar`
   `H1: Bestand`[Alt]+[↵]`Juli`   `I1: Warenwert`[Alt]+[↵]`Juli`
3. Markieren Sie F1:I1, klicken Sie mit der **rechten** Maustaste in die Markierung, und wählen Sie *Zellen formatieren.*
4. Markieren Sie auf der Registerkarte *Ausrichtung* die Option *Mitte*, und aktivieren Sie *OK.*
5. Klicken Sie in den Listenbereich, und wählen Sie *Daten/Sortieren.*

	H
1	**Bestand**
2	34 Stück
3	17 Stück
4	30 Stück
5	10 Stück
6	32 Stück
7	21 Stück
8	198 Stück
9	99 Stück
10	89 Stück
11	145 Stück
12	179 Stück
13	180 Stück
14	201 Stück
15	74 Stück
16	111 Stück

Der Einsatz der AutoGliederungs-Funktion ist die einfachste und schnellste Art, eine Tabelle zu gliedern. Die Funktion *AutoGliederung* können Sie nur in Tabellen einsetzen, bei denen die verschiedenen Hierarchieebenen der Daten durch die entsprechenden Formeln ersichtlich sind. Dies ist hier z. B. durch die Spalten- und Zeilensummen der Fall.

Sie gliedern eine Tabelle, um Daten in Hierarchieebenen zusammenzufassen und diese flexibel ein- und ausblenden zu können. Bei einer so kleinen Tabelle wie hier ist das nicht unbedingt erforderlich, aber das Grundprinzip der Gliederung wird Ihnen bereits bei diesem kleinen und übersichtlichen Beispiel deutlich:

- Sie können **Daten sowohl vertikal als auch horizontal gliedern**. Nach Einschalten der AutoGliederung bestehen sowohl in den Zeilen als auch in die Spalten zwei **Gliederungsebenen**.
- Zeilenweise besteht die **zweite** (unterste) **Gliederungsebene aus den Werten** für die einzelnen Filialen, und die erste (oberste) Gliederungsebene aus den Summen für die Artikelgruppen.
- Spaltenweise besteht die zweite (unterste) Gliederungsebene aus den Werten für die einzelnen Artikelgruppen, und **die erste Gliederungsebene aus den Summen** für die einzelnen Filialen.

Damit Ihnen die Daten und die Matrixformel für späteres Zurückschauen erhalten bleiben, kopieren Sie die Inventurdaten in ein neues Blatt und verändern sie dort.

Die **Matrixformel** müssen Sie vor dem nächsten Arbeitsschritt **durch einfache Formeln ersetzen**, weil die Anordnung einer Matrix nicht geändert werden kann, Sie also die **Tabelle nicht sortieren oder gliedern können**, solange die Matrixformel enthalten ist.

Durch das Aktivieren und anschließende **Beenden mit** [Strg]+[↵] **ändern** Sie die **Matrixformel in einfache Formeln** um.

Hier **erkennt Excel die Gliederungsebenen an den Summen**, die Sie gebildet haben. Falls Ihre Tabelle **keine Summen oder anderen Formeln, mit denen Datenebenen zusammengefaßt werden, enthält** und Sie diese Tabelle trotzdem gliedern wollen, gehen Sie folgendermaßen vor:

Wählen Sie *Ansicht/Symbolleisten*, schalten Sie das Kontrollkästchen *Pivot-Tabelle und Gliederung* ein, und schließen Sie das Dialogfeld mit *OK*. **Markieren Sie die Zeilen oder Spalten, die Sie zusammenfassen wollen**, nacheinander, und aktivieren Sie die Schaltfläche *Gruppierung* [➔]. Excel erstellt die Gruppierung und blendet vor den Zeilen- und Spaltenköpfen die Gliederungssymbole ein.

Unter *Daten/Gliederung/Einrichten* legen Sie im Dialogfeld *Einrichten* mit dem Einschalten des Kontrollkästchens *Automatische Formatierung* bereits bei der Gliederungserstellung fest, daß Excel die Gliederung mit den integrierten Formatvorlagen für Gliederungsebenen *Zeilenebene_1* usw. sowie *Spaltenebene_1* usw. gestalten soll.

Wollen Sie die Hauptebenen einer bereits **bestehenden Gliederung nachträglich mit den integrierten Formatvorlagen** gestalten, wählen Sie *Daten/Gliederung/Einrichten* und aktivieren die Schaltfläche *Formatvorlage zuweisen*.

Gliederung einrichten

1. Markieren Sie bei *Sortieren nach* den Eintrag *Artikelgruppe*, und aktivieren Sie *OK*.
2. Klicken Sie **auf den Zeilenkopf** der **Zeile 8**, und wählen Sie *Einfügen/Zeilen*. Klicken Sie auf den Zeilenkopf der **Zeile 13** und anschließend auf die Schaltfläche *Wiederholung* . Geben Sie folgende Daten ein:

   `A8: Leuchten     A13: Leuchtmittel     A19: Zubehör     A20: Gesamt`

3. **Entfernen Sie die Spalte D** mit Klick auf den Spaltenkopf und *Bearbeiten/Zellen löschen*.
4. Markieren Sie F8 sowie mit gedrückter Taste Strg H8, F13, H13, F19, H19, und klicken Sie auf die Schaltfläche *Summe*.
5. **Wiederholen Sie diesen Schritt** nochmals für F20 und H20, passen Sie die Spaltenbreiten an, und klicken Sie außerhalb der Markierung.
6. Wählen Sie *Daten/Gliederung/Einrichten*, schalten Sie das Kontrollkästchen *Automatische Formatierung* ein, und aktivieren Sie die Schaltfläche *Erstellen*.

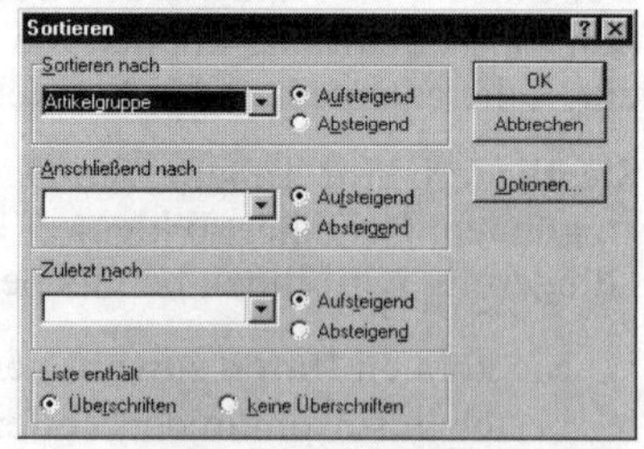

Sortieren nach Artikelgruppe

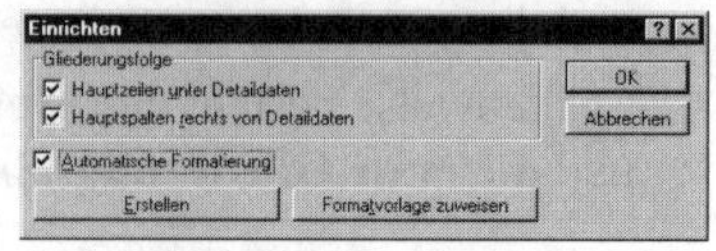

Gliederung erstellen

Daten gruppieren und Formatvorlage ändern

1. Klicken Sie **mit der rechten Maustaste** in eine beliebige *Symbolleiste*, und wählen Sie *Symbolleisten*.
2. Schalten Sie das Kontrollkästchen *Pivot-Tabelle und Gliederung* ein, und bestätigen Sie mit *OK*.
3. **Ziehen Sie die Maus über die Spaltenköpfe D:E**, und aktivieren Sie die Schaltfläche *Gruppierung aufheben* .
4. **Ziehen Sie die Maus über die Spaltenköpfe B:E**, und aktivieren Sie die Schaltfläche *Gruppierung* .
5. Klicken Sie auf den Spaltenkopf von **Spalte G** und anschließend auf die Schaltfläche *Gruppierung* . Markieren Sie F2:F20 und H2:H20.
6. Wählen Sie *Format/Formatvorlage*, und markieren Sie in der Liste *Formatvorlagenname* den Eintrag *Spaltenebene_1*.
7. Aktivieren Sie die Schaltfläche *Ändern*, und markieren Sie auf der Registerkarte *Zahlen* in der Liste *Kategorie* den Eintrag *Währung*.

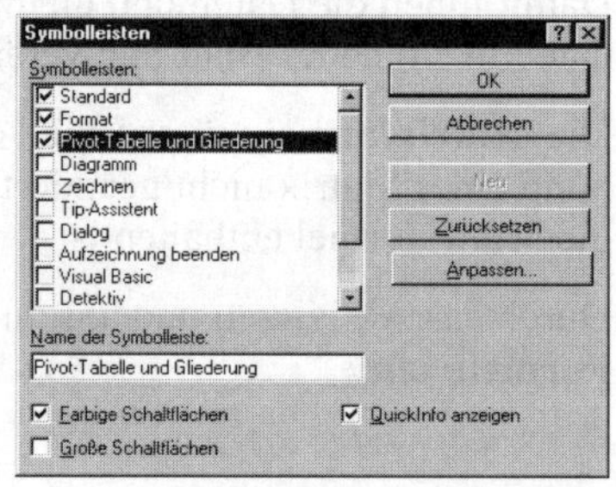

Symbolleiste einblenden

Gruppierung

Hierarchieebenen aus- und einblenden

1. Schließen Sie die Dialogfelder mit *OK*, und passen Sie die Spaltenbreite an.
2. Klicken Sie **links vor den Zeilenköpfen** auf die Schaltfläche 2, um die zweite **Zeilenebene** auszublenden.
3. Blenden Sie mit Klick auf die Schaltfläche 1, **über den Zeilenköpfen**, die Daten der zweiten **Spaltenebene** aus.
4. **Drucken** Sie die so gegliederte Tabelle mit der Schaltfläche *Drucken* aus.
5. Blenden Sie mit Klick auf die Schaltfläche 1, neben den Zeilenköpfen, die Daten der zweiten Zeilenebene aus.
6. Prüfen Sie das Ergebnis, und blenden Sie mit Klick auf die Schaltfläche 2, neben den Zeilenköpfen, die zweite Gliederungsebene wieder ein.

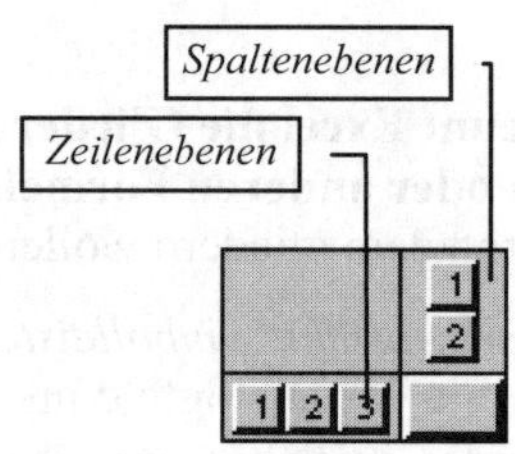

Schaltflächen für Gliederungsebenen

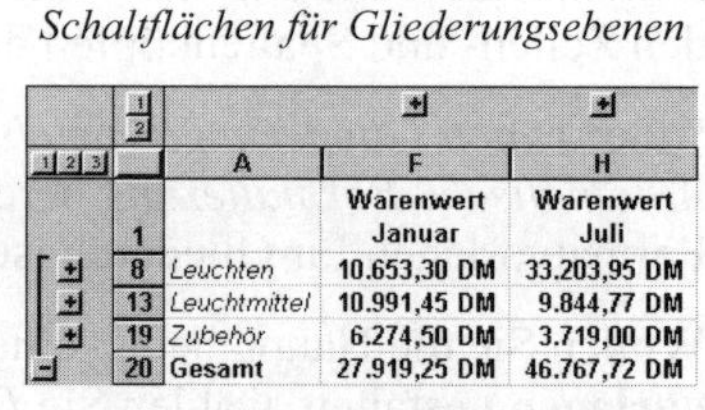

	A	F	H
1		Warenwert Januar	Warenwert Juli
8	Leuchten	10.653,30 DM	33.203,95 DM
13	Leuchtmittel	10.991,45 DM	9.844,77 DM
19	Zubehör	6.274,50 DM	3.719,00 DM
20	Gesamt	27.919,25 DM	46.767,72 DM

Die Gliederung mit ausgeblendeten Ebenen

Zusatzwissen

Wenn Sie die Zellen F20 und H20 bei der ersten Summenberechnung in die Mehrfachmarkierung mit einbeziehen, berechnet Excel die falsche Spaltensumme, nämlich die Summe aller darüberliegenden Zellen bis zur nächsten Leerzelle. Sie berechnen deshalb diese Zellen in einem getrennten Gang. Durch die dann eingefügten Zwischensummen kann Excel das Berechnungsmuster erkennen und schlägt die richtigen Zellen für die Summe vor.

Mit dem Kontrollkästchen *Automatische Formatierung* weisen Sie den **einzelnen Gliederungsebenen die integrierten Zellformate für die verschiedenen Zeilenebenen und Spaltenebenen zu.** Diese Formatvorlagen werden im Dialogfeld *Formatvorlage* in der Liste *Formatvorlagenname* nur für die in der Gliederung existierenden Ebenen angezeigt.

Die Symbolleiste *Pivot-Tabelle und Gliederung* enthält Schaltflächen zur **Erstellung** und **Bearbeitung** von Pivot-Tabellen und zum **Ein- und Ausblenden von gegliederten Tabellenebenen**. Für die Bearbeitung von gegliederten Tabellen sind folgende Schaltflächen wichtig:

- **hebt** die **Gruppierung** eine Gruppe von zusammengefaßten Zeilen und Spalten wieder **auf**.
- **faßt Zeilen oder Spalten**, z. B. die Detailwerte einer Summe, **zu einer Gruppe zusammen**.
- **zeigt ausgeblendete Details** an.
- **blendet Details aus.**

Statt der Schaltflächen zum Gruppieren lassen sich auch die Befehle *Daten/Gliederung/Gruppierung* oder *Gruppierung aufheben* verwenden. Statt der Schaltflächen zum Ein-/Ausblenden können Sie auch *Daten/Gliederung/Details ausblenden* oder *Details einblenden* wählen.

Während die **Symbole vor den Spaltenebenen und Zeilenebenen immer nur die Details einer Hauptgruppe ausblenden oder einblenden**, können Sie mit den Schaltflächen, die mit den Nummern der Spalten- und Zeilenebenen beschriftet sind, alle **Details bis zu einer bestimmten Ebenen aus- oder einblenden**.

Die Schaltflächen tauchen erst auf, wenn Sie die entsprechenden Gruppierungen vorgenommen haben. Klicken Sie auf eine der Schaltflächen, blendet Excel alle untergeordneten Ebenen aus. Am **Pluszeichen** vor einer Zeile bzw. über einer Spalte und an den **Nummern und Buchstaben der Spalten- und Zeilenköpfe** können Sie sehen, daß **Daten ausgeblendet** sind.

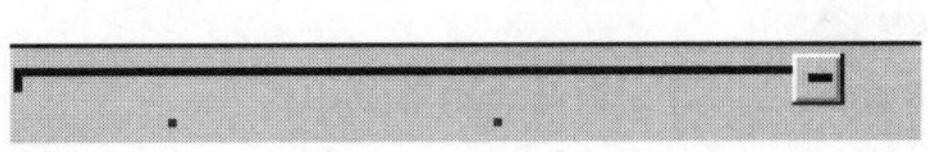

Der **Gliederungshaken umspannt die jeweils eingerückte Ebene**, am unteren Ende sitzt das Minuszeichen oder das Pluszeichen für das Aus- oder Einblenden. Jede **gegliederte Zelle** enthält einen **Punkt innerhalb des Gliederungshakens**.

Diagramm aus gegliederten Daten

1. Markieren Sie die Zellen A1:H19, und klicken Sie auf die Schaltfläche *Diagramm-Assistent*.
2. Ziehen Sie in A24:I34 ein Diagramm auf, und aktivieren Sie im ersten Schritt die Schaltfläche *Weiter*.
3. Lassen Sie im zweiten Schritt die **Standardschaltfläche** für *Säulen* **markiert**, und wählen Sie *Weiter*.
4. Lassen Sie auch im dritten Schritt den **Standardvorschlag** *Schaltfläche 6* **markiert**, und aktivieren Sie wieder *Weiter*.
5. **Wechseln** Sie im nächsten Dialogfeld unter *Datenreihen in* von *Spalten* zu *Zeilen*.
6. Aktivieren Sie wieder *Weiter*, und geben Sie als **Diagrammtitel** ein:

```
Warenwert 1. und 2. Halbjahr
```

7. Schließen Sie mit der Schaltfläche *Ende* den Diagramm-Assistenten ab.

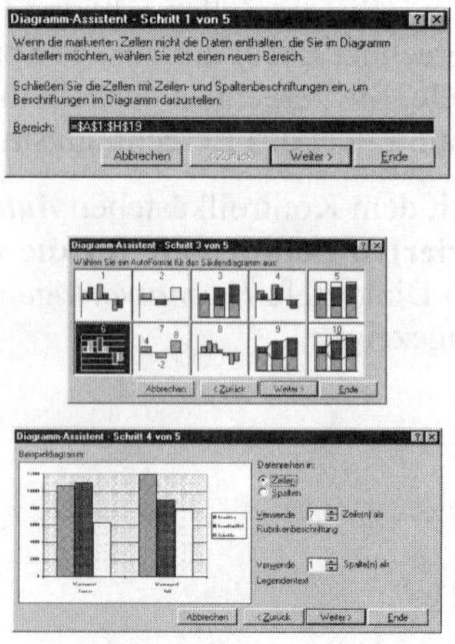

Der vorletzte Schritt

Diagramm in Diagrammblatt verwandeln

1. **Prüfen Sie das eingefügte Diagramm**, und **klicken Sie außerhalb des Diagramms** in das Tabellenblatt.
2. Wählen Sie **ohne Markierung** den Befehl *Einfügen/Diagramm/ Als neues Blatt.*
3. Aktivieren Sie die Schaltfläche *Ende*.
4. **Wechseln Sie zum Blatt** *Inventur 1. und 2. Halbjahr*.
5. Aktivieren Sie das eingebettete Diagramm mit einem **Doppelklick zur Bearbeitung**.
6. Wählen Sie *Bearbeiten/Kopieren*, und **aktivieren Sie das Diagrammblatt**.
7. Wählen Sie *Bearbeiten/Einfügen*. Wechseln Sie zurück zum Blatt *Inventur 1. und 2. Halbjahr*.
8. Klicken Sie **außerhalb des Diagramms ins Tabellenblatt**.

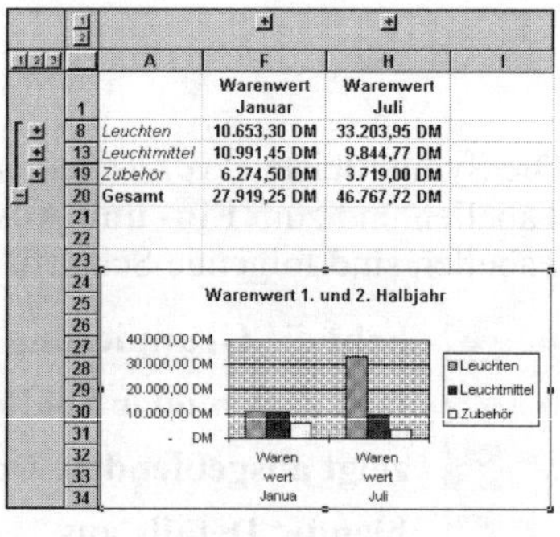

Das eingebettete Diagramm

Ansichten erstellen

1. Wählen Sie *Ansicht/Ansichten-Manager*, und aktivieren Sie die Schaltfläche *Hinzufügen*. Geben Sie bei *Name* ein:

```
Warenwert Artikelgruppen
```

2. Bestätigen Sie mit *OK*, **löschen Sie das eingebettete Diagramm**, und blenden Sie die zweite Spaltengliederungsebene ein.
3. Markieren Sie die **Spaltenköpfe B bis E**, und aktivieren Sie die Schaltfläche *Gruppierung aufheben*.
4. Markieren Sie die Spaltenköpfe D und E, und aktivieren Sie die Schaltfläche *Gruppierung*.
5. **Blenden Sie die Daten** von der **1. Spaltenebene** bis zur **dritten Zeilenebene** ein, und wählen Sie *Ansicht/Ansichten-Manager*.
6. Aktivieren Sie wieder *Hinzufügen*, und geben Sie als *Name* ein:

```
Warenwert Artikel
```

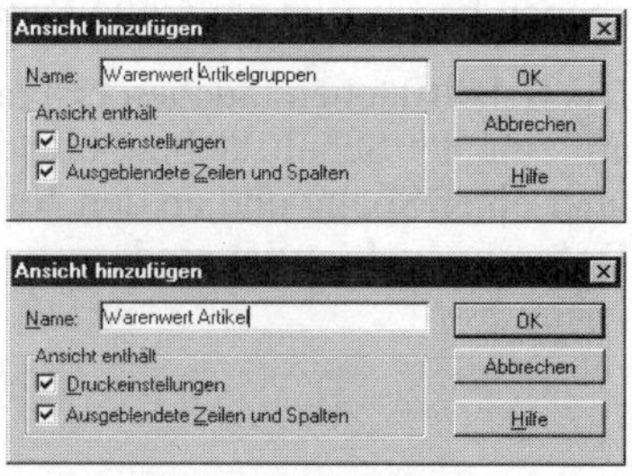

Zwei Ansichten erstellen

Wenn Sie eine Tabelle gliedern, einzelne Gliederungsebenen ausblenden und ein Diagramm aus den gegliederten Daten erstellen, **verwendet Excel automatisch nur die eingeblendeten Daten für das Diagramm**. Sie können verfolgen, **wie sich das Diagramm verändert, wenn Sie die Detailebenen wieder einblenden**. Excel paßt den Diagramminhalt dann entsprechend an.

Da die **Diagrammgröße jedoch nicht verändert wird**, müssen Sie beim Einblenden von Details die Diagrammgröße **manuell anpassen**.

Wenn Sie ein Diagramm **als eingebettetes Diagramm erstellen** und dann feststellen, daß die Daten **besser in einem Diagrammblatt** angezeigt werden sollten, **müssen Sie das Diagramm nicht neu erstellen**. Sie können dann, wie hier im nächsten Schritt demonstriert, aus dem eingebetteten Diagramm ein Diagrammblatt erstellen.

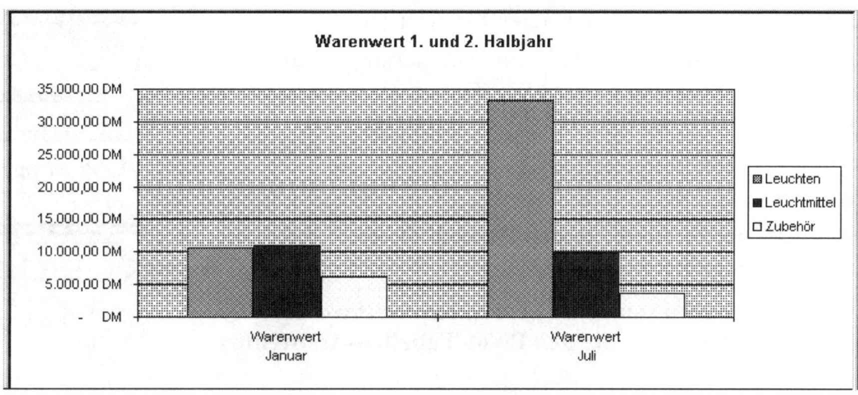

Das aus dem eingebetteten Diagramm erstellte Diagrammblatt

Sie haben **in der vorausgehenden Lektion alle Excel-Add-Ins installiert**. Der Ansichten-Manager gehört zu den Add-Ins und steht Ihnen deshalb jetzt zur Verfügung. Er ist in der Datei ***ANSICHT.XLA*** im ***EXCEL*-Unterordner *MAKRO*** gespeichert. Sie können einzelne bereits installierte **Add-Ins mit dem Add-In-Manager laden und entladen**, um den Arbeitsspeicher zu entlasten.

Falls Sie z. B. feststellen, daß Sie den Ansichten-Manager nicht einsetzen wollen, wählen Sie *Extras/Add-In-Manager* und **schalten das Kontrollkästchen *Ansichten-Manager* aus**. Schließen Sie das Dialogfeld mit *OK*. Der Ansichten-Manager wird dann beim **Excel-Start nicht mehr automatisch mitgeladen**, und der **entsprechende Befehl fehlt im Menü** *Ansicht*.

Ansichten aktivieren

1. Verlassen Sie das Dialogfeld mit *OK*, und klicken Sie die Markierung aus.
2. Wählen Sie *Daten/Gliederung/Entfernen*, und **erstellen Sie eine dritte Ansicht** mit dem Namen:

   `Alle Daten`

3. Wählen Sie *Ansicht/Ansichten-Manager*, und **markieren Sie den Eintrag** *Warenwert Artikelgruppen.*
4. Aktivieren Sie die Schaltfläche *Anzeigen.*
5. Wählen Sie nochmals *Ansicht/Ansichten-Manager*, und **markieren Sie diesmal den Eintrag** *Warenwert Artikel.*
6. Klicken Sie wieder auf die Schaltfläche *Anzeigen.*
7. Wählen Sie *Ansicht/Ansichten-Manager*, markieren Sie den Eintrag *Alle Daten*, und klicken Sie wieder auf die Schaltfläche *Anzeigen.*

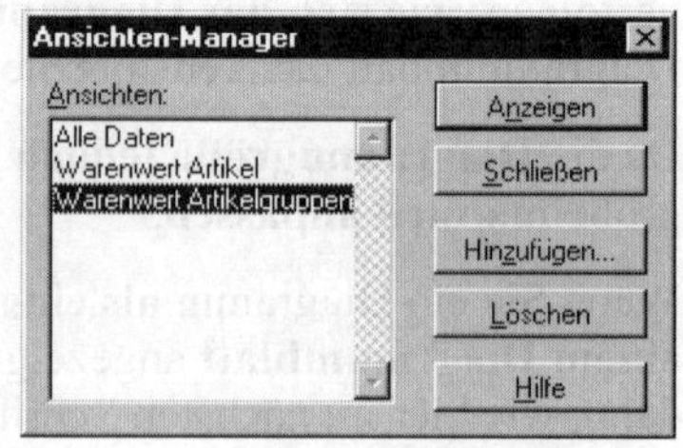

Der Ansichten-Manager

Pivot-Tabelle erstellen

1. **Aktivieren Sie das Blatt** *Inventur*, und markieren Sie A1:F16.
2. Klicken Sie **in der Symbolleiste** *Pivot-Tabelle und Gliederung* auf die Schaltfläche *Pivot-Tabelle* [Symbol], und aktivieren Sie *Weiter.*
3. **Prüfen** Sie den **Zellbezug**, und aktivieren Sie die Schaltfläche *Weiter.*
4. **Ziehen Sie die Schaltfläche** *Artikelgruppe* auf das Feld *Seite* und *Art.-Name* auf *Zeile.*
5. **Ziehen Sie die Schaltfläche** *Warenwert* **in den Bereich** *Daten.*
6. Aktivieren Sie die Schaltfläche *Weiter.*
7. **Überschreiben Sie den Standardnamen** im Feld *Name der Pivot-Tabelle* mit „Inventurübersicht", und **beenden Sie den Pivot-Tabellen-Assistenten** mit der Schaltfläche *Ende.*
8. Öffnen Sie die Liste *Artikelgruppe*, und markieren Sie den Eintrag *Leuchten.*
9. **Blenden Sie** genauso die anderen **Seiten ein**, und stellen Sie zurück auf *(Alle).*

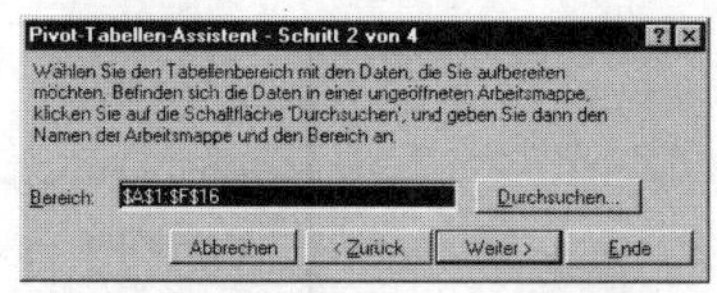

Der Zellbezug für die Pivot-Tabelle

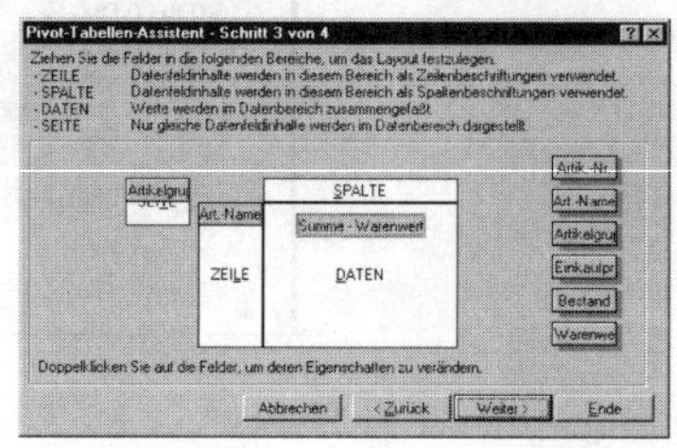

Die Anordnung der Daten

Daten und Felder hinzufügen

1. Klicken Sie mit der **rechten** Maustaste auf das Pivot-Tabellenfeld *Art.-Name*, und markieren Sie den Eintrag *Zeilenfeld hinzufügen.*
2. Wählen Sie **aus dem überlappenden Menü** den Eintrag *Bestand.* Fügen Sie auf diese Weise außerdem das Feld *Einkaufspreis* hinzu.
3. Klicken Sie auf das Pivot-Tabellenfeld *Art.-Name*, und wählen Sie *Daten/ Pivot-Tabellen-Feld.*
4. Klicken Sie in der Liste *Ausblenden* nacheinander auf die Einträge *Feuchtraumleuchte*, *Gartenleuchte* sowie *Spiegelleuchte*, und aktivieren Sie die Schaltfläche *OK.*
5. Doppelklicken Sie auf das Feld *Art.-Name*, klicken Sie nochmals auf die markierten Einträge der Liste *Ausblenden*, um sie wieder einzublenden, und aktivieren Sie *OK.*
6. **Ziehen Sie das Feld** *Bestand* **wieder aus dem Zellbereich der Pivot-Tabelle.**

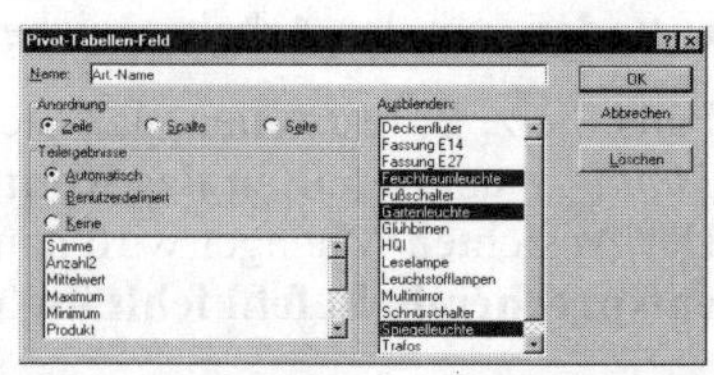

Daten ausblenden

Der ***Ansichten-Manager*** hilft Ihnen bei der **Erstellung** und **Organisation von Ansichten. Ansichten speichern das aktuelle Aussehen eines Tabellenblattes.** Sie haben dadurch die Möglichkeit, die **im Tabellenblatt enthaltenen Daten in unterschiedlicher Weise anzuzeigen**, ohne daß Sie dazu die Daten immer neu verändern müssen. Die Schaltflächen des Ansichten-Managers setzen Sie ein, um Ansichten zu erstellen, zu aktivieren oder zu löschen.

Anzeigen	**zeigt** das Arbeitsblatt in der markierten **Ansicht** an.
Schließen	schließt das Dialogfeld *Ansichten-Manager*.
Hinzufügen	**erstellt eine neue Ansicht.**
Löschen	**löscht** die markierte Ansicht.
Hilfe	öffnet die Hilfestellung zum Ansichten-Manager.

Eine **Pivot-Tabelle** ermöglicht es, die **Daten einer Liste oder Datenbank sehr komfortabel und übersichtlich anzuordnen und auszuwerten.** Sie können die Tabelle sehr einfach verändern, um neue Felder einzufügen oder anders anzuordnen. Die Pivot-Tabelle hat außer den Dimensionen ***Zeile*** und ***Spalte*** noch die Dimension ***Seite***, mit der Sie zwischen verschiedenen Datengruppen blättern können.

	A	B
1	Artikelgruppe	(Alle)
2		
3	Summe - Warenwert	
4	Art.-Name	Ergebnis
5	Deckenfluter	5655
6	Fassung E14	366
7	Fassung E27	487,5
8	Feuchtraumleuchte	375
9	Fußschalter	900
10	Gartenleuchte	338,3
11	Glühbirnen	122,5
12	HQI	8960
13	Leselampe	360
14	Leuchtstofflampen	650
15	Multimirror	1258,95
16	Schnurschalter	216
17	Spiegelleuchte	600
18	Trafos	4305
19	Wandfluter	3325
20	Gesamtergebnis	27919,25

A	B
Artikelgruppe	Leuchten
Summe - Warenwert	
Art.-Name	Ergebnis
Deckenfluter	5655
Feuchtraumleuchte	375
Gartenleuchte	338,3
Leselampe	360
Spiegelleuchte	600
Wandfluter	3325
Gesamtergebnis	10653,3

Die Pivot-Tabelle mit allen alphabetisch sortierten Daten und mit der Seite „Leuchten"

Es gibt verschiedene Möglichkeiten, Felder in eine Pivot-Tabelle einzufügen oder aus ihr zu entfernen: Sie können ein **Feld aus einer Tabelle ziehen** oder es markieren, den Befehl *Daten/Pivot-Tabellen-Feld* wählen und die Schaltfläche *Löschen* aktivieren, um es zu entfernen.

Wollen Sie ein neues Feld einfügen, klicken Sie entweder mit der **rechten Maustaste auf ein bereits bestehendes Feld der gleichen Kategorie** (Zeile/Spalte/Seite), oder Sie wählen *Daten/Pivot-Tabelle* bzw. aktivieren die gleichnamige Schaltfläche und **ziehen das Feld an die gewünschte Position**.

STOP Wenn Sie ein Feld aus einer Pivot-Tabelle **entfernen**, wird es **nur in der Pivot-Tabelle, nicht** aber in der zugrundeliegenden **Basistabelle gelöscht**.

Aufbau der Pivot-Tabelle verändern

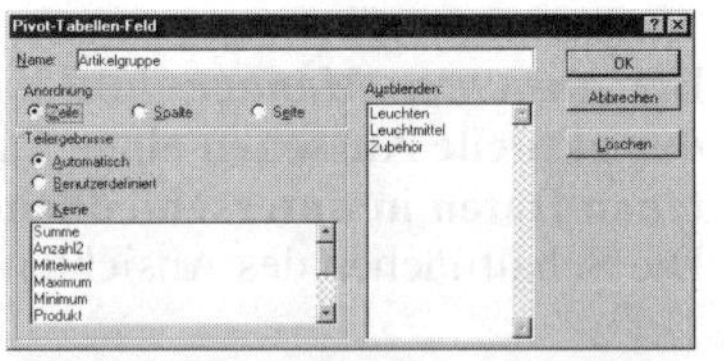

Seitenfeld in der Zeile anordnen

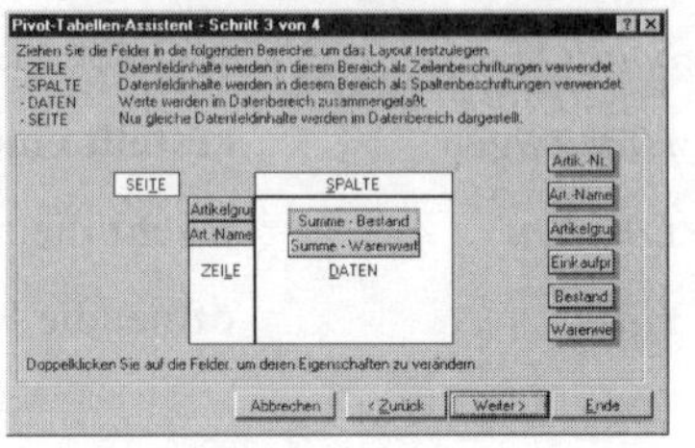

Anordnung mit dem Assistenten verändern

1. Doppelklicken Sie auf die Schaltfläche *Artikelgruppe*, und markieren Sie im Dialogfeld die Schaltfläche *Zeile*. Schließen Sie das Dialogfeld mit *OK*.
2. Klicken Sie auf das Tabellenfeld *Artikelgruppe*, und **ziehen** Sie es **vor das Feld** *Art.-Name*.
3. **Klicken Sie auf das Tabellenfeld** *Einkaufspreis*, und **ziehen** Sie das Feld nach rechts **hinter das Feld** *Art.-Name*.
4. Klicken Sie **in die Tabelle** und dann auf die Schaltfläche *Pivot-Tabelle* [Symbol].
5. **Ziehen** Sie das Feld *Einkaufspreis* **aus der Tabelle**, und **ziehen** Sie zusätzlich den *Bestand* **in den Bereich** *Daten* über die *Summe - Warenwert*.
6. **Beenden** Sie den Pivot-Tabellen-Assistenten mit der Schaltfläche *Ende*.
7. **Doppelklicken** Sie auf das **Register des aktuellen Tabellenblattes**. Geben Sie diesem den folgenden Namen, und bestätigen Sie mit *OK*:

```
Pivot-Tabelle
```

Anzeige der Daten verändern

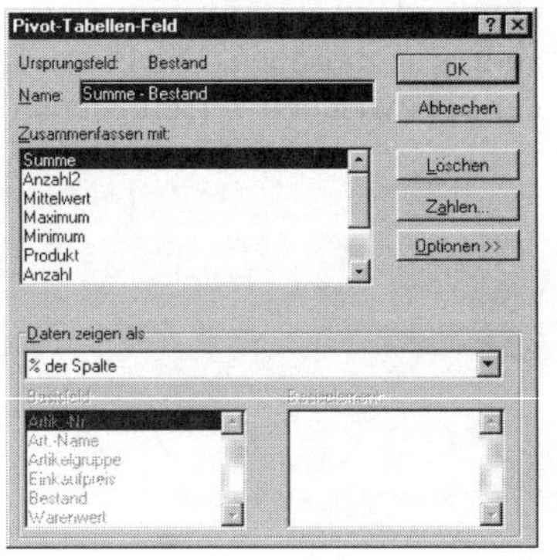

Pivot-Tabellenfelder gestalten

1. Klicken Sie mit der **rechten** Maustaste auf die Schaltfläche *Daten*, und wählen Sie den Eintrag *Pivot-Tabelle*.
2. Doppelklicken Sie auf die Schaltfläche *Summe - Bestand*, und aktivieren Sie die Schaltfläche *Optionen*.
3. Markieren Sie **in der Liste** *Daten zeigen als* den Eintrag *% der Spalte*.
4. Klicken Sie auf *OK* und *Ende*, und betrachten Sie das Ergebnis.
5. Klicken Sie auf die Schaltfläche *Daten*, und aktivieren Sie **in der Symbolleiste** die Schaltfläche *Pivot-Tabelle* [Symbol].
6. **Doppelklicken** Sie auf die Schaltfläche *Summe - Warenwert*, und **aktivieren** Sie die Schaltfläche *Zahlen*.
7. Markieren Sie in der Liste *Kategorie* den Eintrag *Währung*.
8. **Schließen Sie die Dialogfelder** *Zahlen* und *Pivot-Tabellen-Feld* mit *OK*, und verlassen Sie den Pivot-Tabellen-Assistenten mit *Ende*.

Mehrere Konsolidierungsbereiche

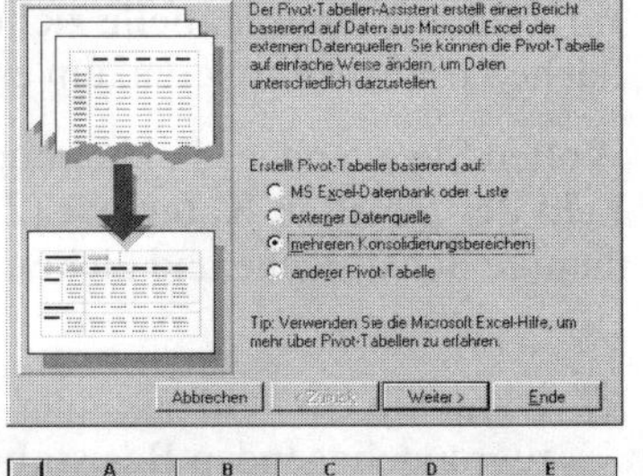

	A	B	C	D	E
1	Monat	(Alle)			
2					
3	Summe - Wert	Spalte			
4	Zeile	Leuchten	Leuchtmittel	Zubehör	Gesamtergebnis
5	Filiale1	33940	5720	16231	55891
6	Filiale2	23201	8812	13789	45802
7	Filiale3	23540	6545	18659	48744
8	Gesamtergebnis	80681	21077	48679	150437

Pivot-Tabelle mit konsolidierten Daten

1. **Aktivieren** Sie das Blatt *Januar*, und wählen Sie *Daten/Pivot-Tabelle*. Markieren Sie *mehreren Konsolidierungsbereichen*, und aktivieren Sie die Schaltfläche *Weiter*.
2. Wählen Sie *Benutzerdefinierte Seitenfelderstellung* und *Weiter*.
3. Markieren Sie für die **Anzahl der Seitenfelder** die Schaltfläche „1“, und klicken Sie in das Feld *Bereich*.
4. Markieren Sie im Blatt *Januar* die Zellen A3:D6, aktivieren Sie *Hinzufügen*, und geben Sie bei *Feld eins* ein: „Januar“.
5. Tragen Sie **Bezüge auf den gleichen Zellbereich in *Februar* und *März*** sowie die entsprechenden **Monatsnamen als Bereichsbeschriftung** ein.
6. Aktivieren Sie *Weiter*, **doppelklicken** Sie auf das Feld *Seite1*, und überschreiben Sie den Eintrag im Feld *Name* mit „Monat“.
7. Aktivieren Sie *OK* und *Weiter*. **Löschen Sie den Eintrag** im Feld *Pivot-Tabelle beginnen in*, und bestätigen Sie mit *Ende*.

Die **Anordnung der Datenfelder** läßt sich durch **Doppelklick** auf einen Feldnamen **und** durch **Auswahl** von *Seite*, *Zeile* oder *Spalte* verändern. Sie können auch den schnelleren Weg wählen und das **Feld mit gedrückter linker Maustaste an die gewünschte neue Position ziehen**. Im nächsten Bild wird ein Feld aus der Spalte in die Zeile gezogen:

	A	B
1	Artikelgruppe	(Alle)
2		
3	Summe - Warenwert	
4	Art -Name	Ergebnis
5	Deckenfluter	5655
6	Fassung E14	366
7	Fassung E27	487,5
8	Feuchtraumleuchte	375
9	Fußschalter	900
10	Gartenleuchte	338,3
11	Glühbirnen	122,5
12	HQI	8960
13	Leselampe	360
14	Leuchtstofflampen	650
15	Multimirror	1258,95
16	Schnurschalter	216
17	Spiegelleuchte	600
18	Trafos	4305
19	Wandfluter	3325
20	Gesamtergebnis	27919,25

	A	B	C	D	E
1	Artikelgruppe	(Alle)			
2					
3	Summe - Warenwert	Art -Name			
4		Deckenfluter	Fassung E14	Fassung E27	Feuchtraumleuchte
5	Ergebnis	5655	366	487,5	375
6					

Sie können die **Pivot-Tabellenfelder auch direkt bei der Erstellung der Tabelle gestalten**. Doppelklicken Sie im Dialogfeld des Pivot-Tabellen-Assistenten auf ein Feld, und aktivieren Sie die Schaltfläche *Optionen*, um das Dialogfeld zu erweitern. Die fertige Pivot-Tabelle:

	A	B	C	D
3			Daten	
4	Artikelgruppe	Art -Name	Summe - Bestand	Summe - Warenwert
5	Leuchten	Deckenfluter	2,11%	5.655,00 DM
6		Feuchtraumleuchte	1,09%	375,00 DM
7		Gartenleuchte	2,47%	338,30 DM
8		Leselampe	0,87%	360,00 DM
9		Spiegelleuchte	2,18%	600,00 DM
10		Wandfluter	1,38%	3.325,00 DM
11	Leuchten Ergebnis		10,11%	10.653,30 DM
12	Leuchtmittel	Glühbirnen	17,82%	122,50 DM
13		HQI	9,31%	8.960,00 DM
14		Leuchtstofflampen	4,73%	650,00 DM
15		Multimirror	12,00%	1.258,95 DM
16	Leuchtmittel Ergebnis		43,85%	10.991,45 DM
17	Zubehör	Fassung E14	13,31%	366,00 DM
18		Fassung E27	14,18%	487,50 DM
19		Fußschalter	4,36%	900,00 DM
20		Schnurschalter	5,24%	216,00 DM
21		Trafos	8,95%	4.305,00 DM
22	Zubehör Ergebnis		46,04%	6.274,50 DM
23	Gesamtergebnis		100,00%	27.919,25 DM

Sie können **Pivot-Tabellen auch erstellen**, um **mehrere Datenquellen zu konsolidieren**. Sie fügen die Daten aus jedem Tabellenblatt als Bereich ein. Die **Datenbereiche** aus den einzelnen Tabellen werden jeweils auf einer **Tabellenseite** gespeichert. Wenn Sie im zweiten Schritt des Pivot-Tabellen-Asssistenten die Optionsschaltfläche *Einfache Seitendarstellung* wählen, **benennt Excel die Seiten standardmäßig** *Element*, gefolgt von einer laufenden Nummer.

Sie können auch die Standardnamen *Zeile* und *Spalte* ändern, indem Sie auf die entsprechenden Schaltflächen doppelklicken und den Standardnamen überschreiben.

Wenn Sie im **letzten Schritt des Pivot-Tabellen-Assistenten** den Eintrag im Feld *Pivot-Tabelle beginnen in* **nicht löschen, wird die Pivot-Tabelle nicht auf einem neuen Tabellenblatt**, sondern **an der markierten Position im aktuellen Tabellenblatt eingefügt**.

Bericht erstellen

1. **Speichern** Sie die geänderte Mappe mit *Datei/Speichern* ab.
2. Schalten Sie auf das Register *Pivot-Tabelle* um. Wählen Sie *Ansicht/ Ansichten-Manager*, und aktivieren Sie die Schaltfläche *Hinzufügen*.
3. Schreiben Sie in das Feld *Name*:

   `Pivot Inventur`

4. Bestätigen Sie mit *OK*, und wählen Sie *Ansicht/Bericht-Manager*.
5. Aktivieren Sie die Schaltfläche *Hinzufügen*, und schreiben Sie im Feld *Berichtname*:

   `Firmenbericht ElektroLux`

6. **Öffnen Sie** unter *Bereich* **die Liste** *Blatt*, und markieren Sie die *Artikelliste*. Aktivieren Sie die Schaltfläche *Hinzufügen*.
7. Markieren Sie in der Liste *Blatt* den Eintrag *Pivot-Tabelle*.

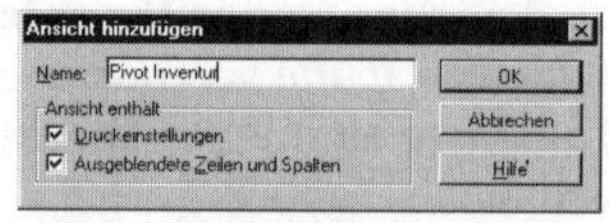

Eine weitere Ansicht speichern

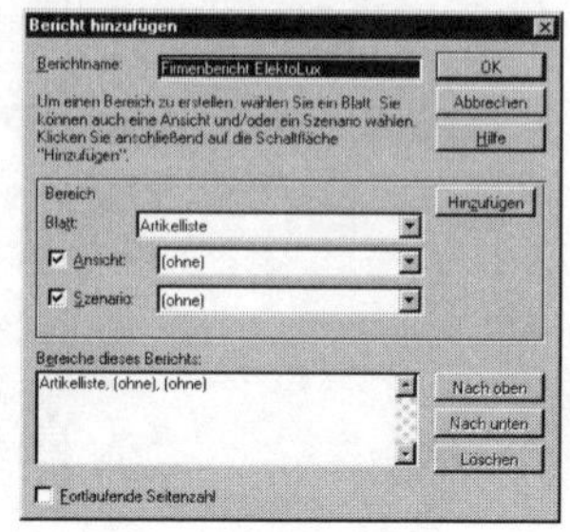

Einen Bericht zusammenstellen

Szenarien und Ansichten für den Bericht

1. Wählen Sie aus der Liste *Ansicht* den Eintrag *Pivot Inventur*, und aktivieren Sie die Schaltfläche *Hinzufügen*.
2. **Öffnen Sie nochmals** die Liste *Blatt*, und wählen Sie diesmal den Eintrag *Inventur 1. und 2. Halbjahr*.
3. **Öffnen Sie die Liste** *Ansicht*, und markieren Sie den Eintrag *Alle Daten*.
4. Aktivieren Sie die Schaltfläche *Hinzufügen*.
5. Markieren Sie **in der Liste** *Blatt* den Eintrag *Kreditbewertung*.
6. Öffnen Sie die Liste *Szenario*, und markieren Sie den Eintrag *KreditGünstig*.
7. Aktivieren Sie die Schaltfläche *Hinzufügen*.
8. Markieren Sie in der Liste *Szenario* nun den Eintrag *KreditMittel*, und aktivieren Sie nochmals *Hinzufügen*.

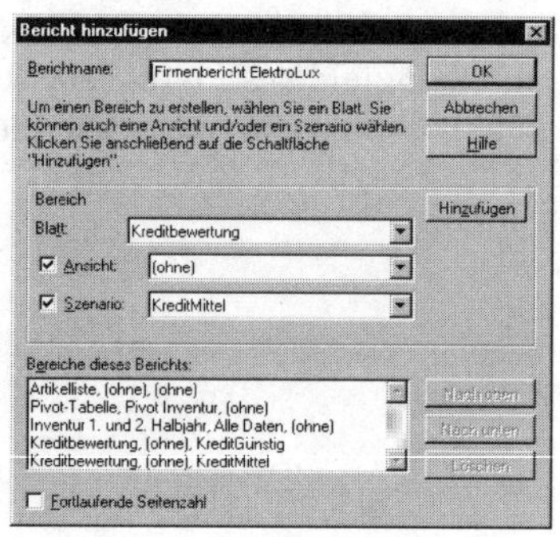

Szenarios und Ansichten aufnehmen

Reihenfolge der Berichtsbereiche

1. Klicken Sie in der Liste *Bereiche dieses Berichts* auf den Eintrag *Inventur 1. und 2. Halbjahr, Alle Daten (ohne)*.
2. **Aktivieren** Sie **einmal** die Schaltfläche *Nach oben*.
3. Markieren Sie anschließend den Eintrag *Pivot-Tabelle, Pivot Inventur, (ohne)*.
4. **Aktivieren** Sie **zweimal** die Schaltfläche *Nach unten*.
5. Schalten Sie das **Kontrollkästchen** *Fortlaufende Seitenzahl* an, und aktivieren Sie die Schaltfläche *OK*.
6. Klicken Sie auf die Schaltfläche *Drucken*, **lassen Sie die Zahl** der *Kopien* **unverändert** auf „1“, und bestätigen Sie mit *OK*.
7. Warten Sie, bis der Bericht fertiggedruckt ist, und **speichern** Sie dann die Arbeitsmappe.

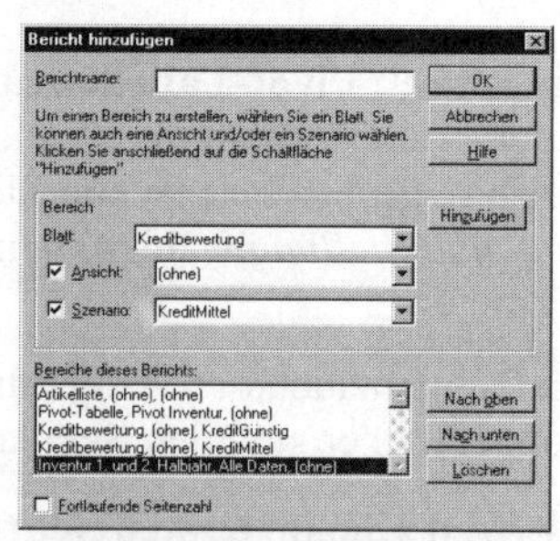

Reihenfolge verändern

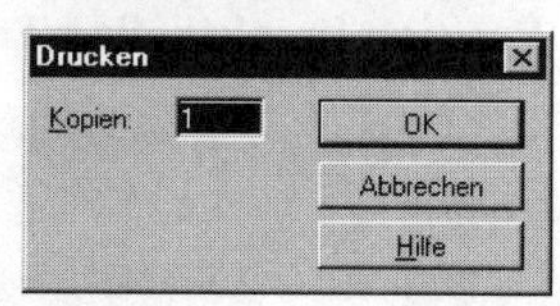

Bericht drucken

Mit dem **Bericht-Manager** lernen Sie hier ein weiteres Excel-**Add-In** kennen. Das Add-In ist als ***BERICHT.XLA*** im *EXCEL*-Unterordner *MAKRO* gespeichert.

Ein **Bericht** kann verschiedene **Tabellenblätter**, **Ansichten** und **Szenarios** enthalten. Er ist aufgeteilt in **Bereiche**. Jeder Bereich enthält ein Blatt, das mit einer Ansicht und einem Szenario kombiniert sein kann.

Ein **Berichtsname darf keine Bindestriche enthalten**, deshalb wird der Name *Elekto-Lux* hier in der Form *ElektoLux* verwendet.

In der Optionsgruppe *Bereich* können Sie die gewünschten Optionen für jeden Bereich zusammenstellen. Sie wählen zuerst das Blatt aus der Liste *Blatt*, in der die **Namen aller Tabellenblätter der aktuellen Mappe enthalten sind**. **Anschließend** können Sie die gewünschte ***Ansicht*** oder das gewünschte ***Szenario*** aus den gleichnamigen Listen auswählen.

STOP Wenn die **Listenfelder abgeblendet** sind, müssen Sie zuerst die zugehörigen **Kontrollkästchen anschalten**. Falls die Listenfelder ohne Einträge sind, haben Sie für das ausgewählte Tabellenblatt kein Szenario oder keine Ansicht erstellt.

Jeder Bereich, den Sie in einen Bericht aufgenommen haben, wird in die Liste *Bereiche dieses Berichts* übertragen und kann dort nachträglich umgestellt werden.

Mit den Schaltflächen *Nach oben* und *Nach unten* können Sie **die Position eines markierten Bereichs im Bericht verändern**. Jeder Klick auf eine dieser Schaltfläche **verschiebt den markierten Eintrag um eine Zeile** in die auf der Schaltfläche angegebene Richtung.

Wenn Sie einen **Bereich ganz aus einem Bericht entfernen** möchten, wählen Sie *Ansicht/Bericht-Manager* und markieren den Namen des Berichtes in der Liste *Berichte*. Aktivieren Sie die Schaltfläche *Bearbeiten*. Markieren Sie den Namen des Bereichs in der Liste *Bereiche dieses Berichts*, und aktivieren Sie die Schaltfläche *Löschen*. Schließen Sie das Dialogfeld mit *OK*.

Wollen Sie nicht einen einzelnen Bereich, sondern den **kompletten Bericht löschen**, wählen Sie *Ansicht/Bericht-Manager*, markieren den Namen des Berichts in der Liste *Berichte* und aktivieren in diesem Dialogfeld bereits die Schaltfläche *Löschen*. Bestätigen Sie das endgültige Löschen des Berichts mit *OK*.

Datensätze im Fremdformat speichern

1. Aktivieren Sie das Blatt *Artikelliste*. **Löschen Sie alle Zellinhalte bis auf die Zellen A1:H16**. Klicken Sie in diesen Bereich.
2. Wählen Sie *Datei/Speichern unter*, ändern Sie den Namen zu „Lager“, und markieren Sie in der Liste *Dateityp* den Eintrag *DBF 4 (dBASE IV) (*.dbf)*.
3. Aktivieren Sie die Schaltfläche *Speichern*, und **bestätigen** Sie das **ausschließliche Speichern des aktiven Blattes** mit *OK*.
4. Wählen Sie *Datei/Öffnen*, markieren Sie *Adressen.xls*, und aktivieren Sie die Schaltfläche *Öffnen*.
5. **Speichern** Sie das Blatt *Lieferanten* als „Liefer“ und das Blatt *Mitarbeiter* als „Adressen“, **ebenfalls** mit dem *Dateityp DBF4 (dBASE IV) *.dbf*.
6. **Bestätigen** Sie wieder das **Speichern des Einzelblattes**.
7. **Schließen Sie beide Mappen** mit Klick auf die Schaltfläche *Schließen*, und **lehnen Sie das Speichern der Änderungen** mit *Nein* ab.
8. Erstellen Sie mit der Schaltfläche *Neue Arbeitsmappe* eine **neue Mappe**.

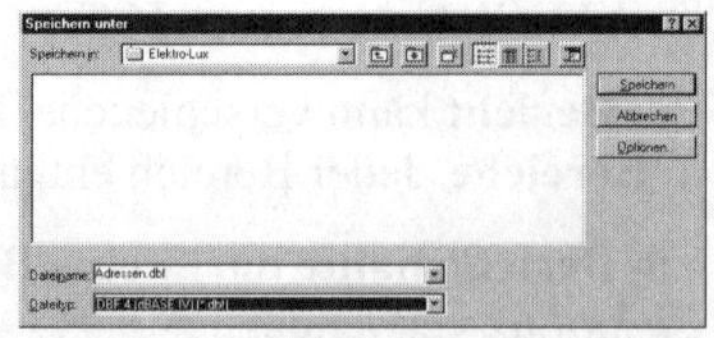

Ein Blatt im dBASE-Format speichern

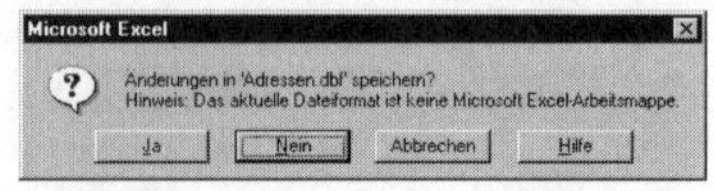

Die Schaltfläche „Nein“ aktivieren

Daten mit MS Query importieren

1. Wenn Sie MS Query nicht installiert haben, installieren Sie es.
2. **Wählen** Sie *Daten/Daten importieren*, und aktivieren Sie im Dialogfeld *Datenquelle auswählen* die Schaltfläche *Andere*.
3. **Markieren** Sie den Eintrag *dBASE-Dateien*, und bestätigen Sie mit *OK*. Wählen Sie den Eintrag *dBASE-Dateien*, und aktivieren Sie die Schaltfläche *Verwenden*.
4. Markieren Sie in der Liste *Tabellenname* den Eintrag *Adressen.dbf*.
5. **Aktivieren Sie nacheinander** die Schaltflächen *Hinzufügen* und *Schließen*.
6. **Doppelklicken** Sie in der Liste *adressen* auf die Einträge *Name*, *Straße*, *PLZ* und *Ort*.
7. Wählen Sie *Datei/Daten an Microsoft-Excel zurückgeben*. **Aktivieren** Sie im Dialogfeld *Daten importieren* die Schaltfläche *OK*.
8. Klicken Sie mit der **rechten** Maustaste in der **Task-Leiste** auf die Schaltfläche für **MS-Query**, und aktivieren Sie den Eintrag *Schließen*.

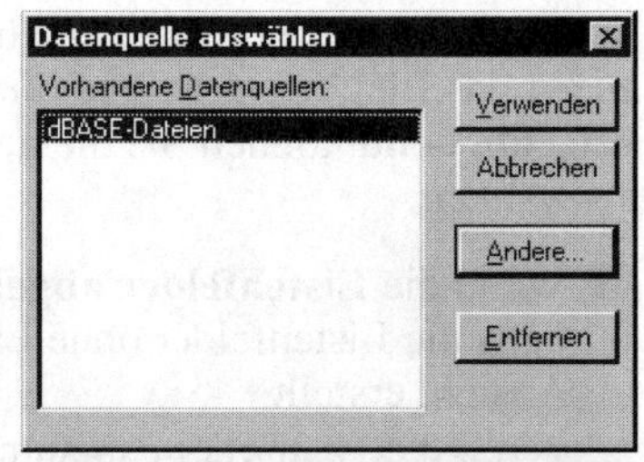

Fremddaten importieren

Vor- und Nachnamen aufteilen

1. Klicken Sie auf den **Spaltenkopf der Spalte A**, und wählen Sie *Einfügen/Spalten*.
2. Tragen Sie in A1 ein: „VORNAME“, markieren Sie die Zellen B2:B12, und wählen Sie *Daten/Text in Spalten*.
3. Wählen Sie im **ersten Schritt** des **Text-Assistenten** die Option *Getrennt*, und aktivieren Sie die Schaltfläche *Weiter*.
4. Stellen Sie sicher, daß im **zweiten Schritt** des Text-Assistenten in der Optionsgruppe *Trennzeichen* das Kontrollkästchen *Leerzeichen* aktiviert ist.
5. Blenden Sie den **nächsten Schritt** des Text-Assistenten mit *Weiter* ein.
6. Im **letzten Schritt** ist in der Optionsgruppe *Datenformat der Spalten* automatisch die Optionsschaltfläche *Standard* aktiviert.
7. Markieren Sie das Feld *Zielbereich*, klicken Sie in der Tabelle auf A2, und **beenden Sie den Text-Assistenten** mit *Ende*. Bestätigen Sie das **Überschreiben des Zielbereichs** mit *OK*.

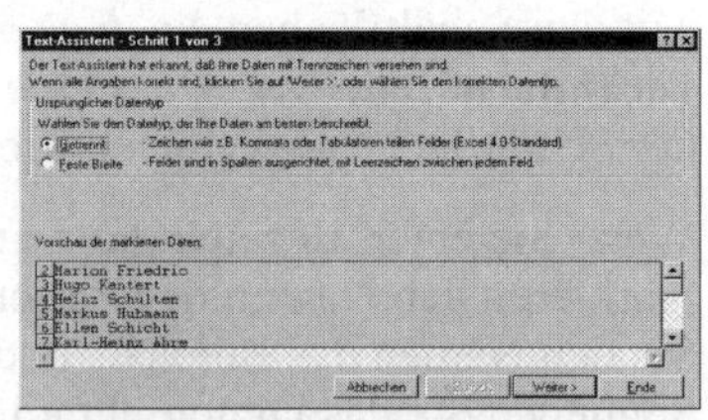

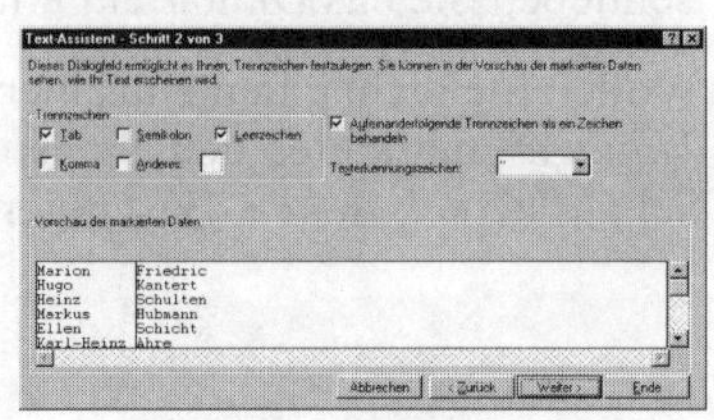

Vornamen und Namen sollen getrennt werden

Zusatzwissen

Excel ist in der Lage, die **Einträge einer Liste oder Datenbank in einem Format zu speichern**, das eine **Datenbank, wie *dBASE*, weiterverarbeiten kann**. Ebenso kann Excel Datensätze aus fremden Datenquellen öffnen und bearbeiten. Damit Sie in dieser Schulung das Importieren von fremden Datensätzen üben können, unabhängig davon, ob Sie eine Datenbank auf Ihrem PC installiert haben oder nicht, speichern Sie hier die Daten mit dem Dateityp **.dbf*.

Excel kann auch Fremdformate öffnen. Wählen Sie dazu im Dialogfeld *Öffnen* den Dateityp der Fremddatei aus der Liste *Dateityp*. Welche Formate Excel verstehen kann, hängt davon ab, **welche Konvertierungsprogramme** bzw. **Datenbanktreiber Sie installiert haben**. Verwenden Sie das Excel- bzw. das Office-Setup, um Treiber nachzuinstallieren. Sie können im nächsten Feld lesen, wie Sie das Installationsprogramm starten.

Falls Sie bei der Excel-Installation *Microsoft Query* **nicht mitinstalliert** haben, können Sie dies nachholen. Beenden Sie Excel, starten Sie das Installationsprogramm über den Befehl *Start/Ausführen*, und installieren Sie die Option für Konverter, Grafikfilter, **Datenbankzugriffe**.

Schalten Sie das Kontrollkästchen *Datenbankzugriffe* an, und aktivieren Sie die Schaltfläche *Option ändern*. Schalten Sie das Kontrollkästchen für *Microsoft Query* an. **Microsoft Query benötigt 1058 KB freien Speicherplatz** auf Ihrer Festplatte. Führen Sie das Setup zu Ende durch, und beenden Sie das Setup-Programm. Microsoft Query steht Ihnen in Excel danach zur Verfügung, wenn Sie Excel starten.

Microsoft Query ist ein eigenständiges Programm, mit dem Sie **Zugriff auf die Datensätze der meisten Datenbanken haben**. Sie können es einsetzen, um **Daten in Excel-Tabellen zu übernehmen**, **Abfragen** zu erstellen oder Datensätze aus verschiedenen **Tabellen zu verknüpfen**.

Der Text-Assistent wird auch aktiv, sobald Sie bestimmte **Fremddateien**, z. B. **eine unformatierte Textdatei, öffnen**, in der die **Felder der einzelnen Datensätze durch ein bestimmtes Trennzeichen getrennt** sind oder durch eine **feste Breite unterscheidbar sind**. Beide Formen sind übliche Formate, in denen Datenbanken oder auch z. B. eine Word-Seriendatenquelle die enthaltenen Daten für den Export speichern können.

Der Text-Assistent erkennt die meisten, für die Konvertierung in eine Excel-Tabelle wichtigen Informationen automatisch und markiert die entsprechenden Optionen in den Dialogfeldern. Nur wenn die automatische Erkennung versagt, müssen Sie als Anwender die Einstellungen verändern.

Tabellen mit MS Query verknüpfen

1. **Wechseln Sie in ein neues Tabellenblatt**, und fügen Sie folgende **Spaltenbeschriftungen** ein:

```
A1: Lieferantenadressen für Artikel
A2: Artikelnr    B2: Artikelname   C2: Bestand   D2: Einkaufspreis
E2: Lieferant    F2: Straße        G2: Plz       H2: Ort
```

2. Klicken Sie auf A3, wählen Sie *Daten/Daten importieren*, und markieren Sie den Eintrag *dBASE- Dateien.*
3. Aktivieren Sie die Schaltfläche *Verwenden*, markieren Sie den Eintrag *Lager.dbf*, und aktivieren Sie die Schaltfläche *Hinzufügen*.
4. Markieren Sie nun den Eintrag *Liefer.dbf*, und aktivieren Sie die Schaltfläche *Hinzufügen* erneut. Verlassen Sie das Dialogfeld mit *Schließen.*
5. Klicken Sie auf den Eintrag *Code* in der Liste *liefer*, und ziehen Sie das Feld mit gedrückter linker Maustaste auf den Eintrag *Liefer-Code* in der Liste *lager*.
6. Doppelklicken Sie auf die Feldnamen *Artik#-Nr.*, *Art#-Name*, *Bestand* und *Einkaufspreis*.

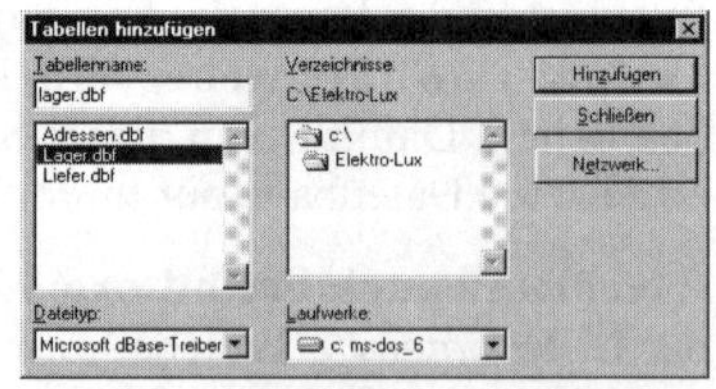

Zwei Tabellen hinzufügen ...

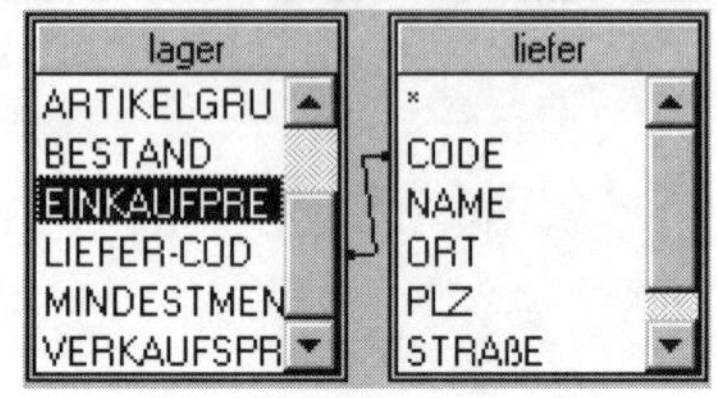

... und über den Code verknüpfen

Eine Abfrage erstellen

1. **Fügen Sie durch Doppelklick** *Name*, *Straße*, *PLZ* und *Ort* aus der Liste *liefer* **ein.**
2. **Doppelklicken** Sie auf die rechten **Spaltenrandbegrenzungen**, um die Spaltenbreiten zu optimieren.
3. Wählen Sie *Kriterien/Kriterien hinzufügen.*
4. Öffnen Sie die Liste *Feld*, und wählen Sie den Eintrag *lager.BESTAND.*
5. Öffnen Sie die Liste *Operator*, und wählen Sie den Eintrag *ist kleiner als*. Geben Sie bei *Wert* „20" ein, und klicken Sie auf *Hinzufügen.*
6. Verlassen Sie das Dialogfeld *Kriterien hinzufügen* mit *Schließen.*
7. Wählen Sie *Datei/Abfrage speichern*, und geben Sie bei *Dateiname* ein:

```
Lieferadressen
```

8. Bestätigen Sie mit *OK.*

Filterkriterium festlegen

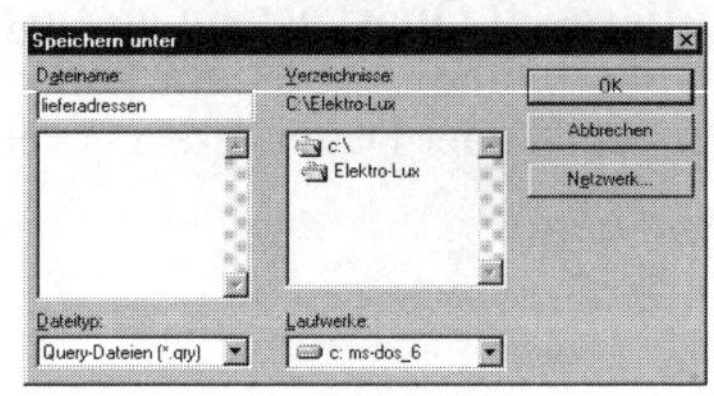

Abfrage speichern

Datensätze ohne Feldnamen einfügen

1. Wählen Sie *Datei/Daten an Microsoft Excel zurückgeben.*
2. **Schalten** Sie das **Kontrollkästchen** *Feldnamen einschließen* **aus**, und geben Sie im Feld *Zielbereich* die Zelle $A$3 an. Bestätigen Sie mit *OK*.
3. Speichern Sie die Mappe als „Verknüpfung Artikel und Lieferant.xls".
4. Klicken Sie in der Task-Leiste mit der **rechten** Maustaste auf die Schaltfläche *MS Query*, und aktivieren Sie den Eintrag *Schließen.*
5. Wenn sich die **Daten der externen Datenquelle geändert** haben und Sie diese Änderung auf die Excel-Tabelle übertragen wollen, markieren Sie den Zellbereich und wählen *Daten/Daten aktualisieren.*
6. **Wenn Sie die Abfrage bearbeiten wollen**, starten Sie MS Query und wählen *Datei/Abfrage öffnen*, oder Sie wählen im Tabellenblatt *Daten/ Daten aktualisieren* und aktivieren die Schaltfläche *Abfrage bearbeiten.*

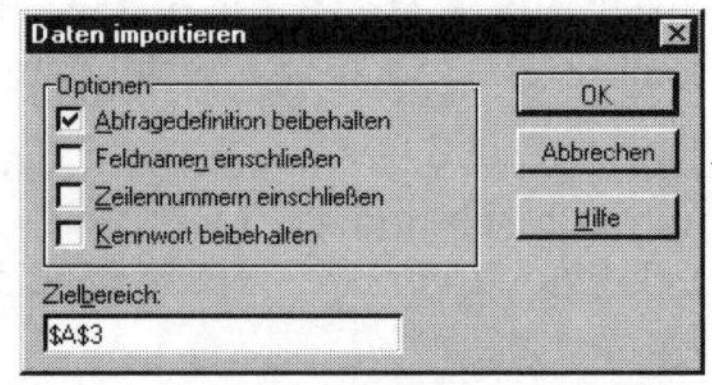

Daten ohne Spaltenbeschriftung einfügen

Da **jedem Artikel ein Liefer-Code und jedem Lieferanten ebenfalls ein Code zugeordnet** ist, kann Microsoft Query **jedem Artikel die Anschrift des Lieferanten zuordnen und die Informationen aus beiden Tabellen verknüpfen**. Auf diese Weise kann mit der **Abfrage sofort der Lieferant für die Bestellung** ermittelt werden.

Wenn Sie **eine Verknüpfung hergestellt** haben und diese **bearbeiten** wollen, können Sie auf das **Symbol** für die **Verknüpfung doppelklicken**. Excel öffnet das Dialogfeld Verknüpfungen, in dem sich die Art der Verknüpfung genauer festlegen läßt.

Die Zeichen „#" tauchen in den Spaltenbeschriftungen auf, weil **Microsoft Query keine Leerzeichen in Feldnamen erlaubt**. Dies ist für das Beispiel ohne Bedeutung, weil Sie später die Datensätze ohne die Spaltenbeschriftungen importieren. Sie können die Spaltenbeschriftungen innerhalb einer Abfrage jedoch ändern, indem Sie auf eine Spaltenbeschriftung doppelklicken und den Namen in das Feld *Spaltenkopf* schreiben:

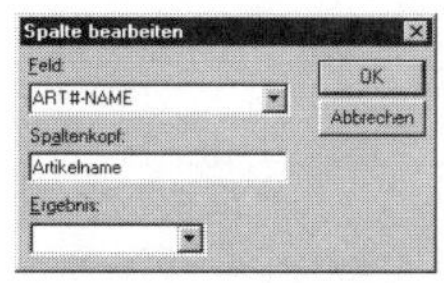

Die fertige Abfrage

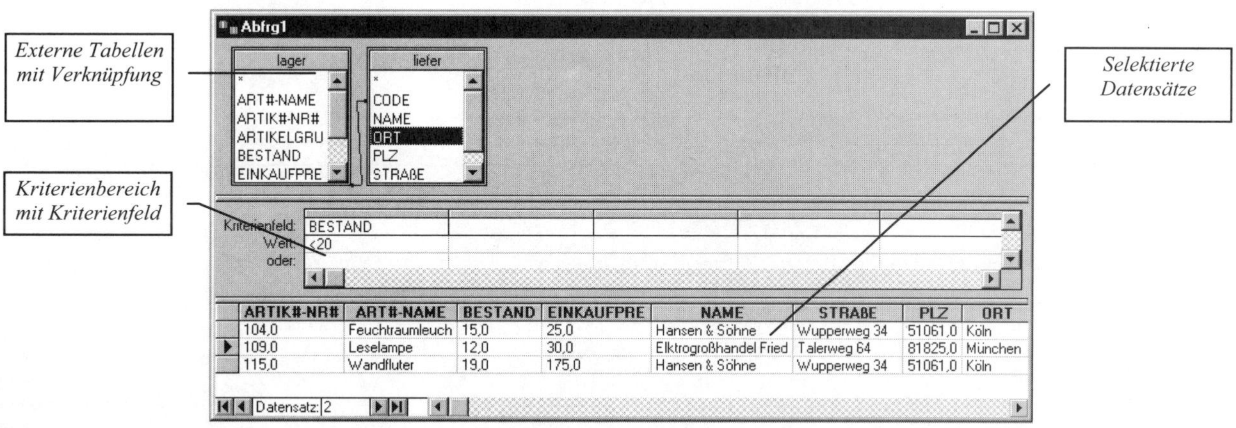

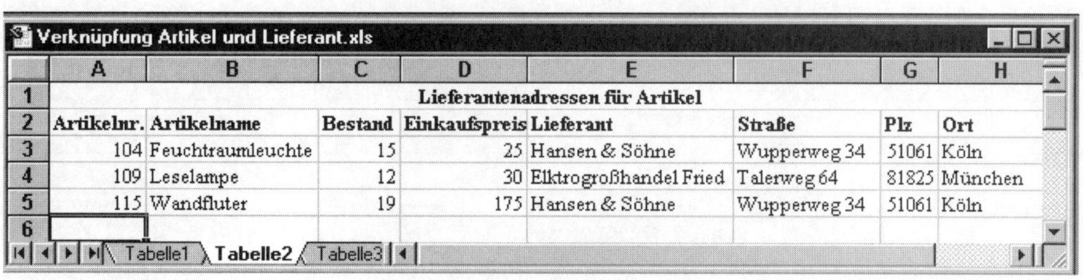

	A	B	C	D	E	F	G	H
1					Lieferantenadressen für Artikel			
2	Artikelnr.	Artikelname	Bestand	Einkaufspreis	Lieferant	Straße	Plz	Ort
3	104	Feuchtraumleuchte	15	25	Hansen & Söhne	Wupperweg 34	51061	Köln
4	109	Leselampe	12	30	Elktrogroßhandel Fried	Talerweg 64	81825	München
5	115	Wandfluter	19	175	Hansen & Söhne	Wupperweg 34	51061	Köln
6								

Die Daten im Tabellenblatt

Wenn Sie **Daten mit einer Access-7.0-Datenbank austauschen wollen**, können Sie spezielle Befehle des Menüs *Daten* verwenden. Sie finden dort die Befehle zur **Erstellung eines Access-Formulars**, zur Erstellung eines **Access-Berichtes** und zum **Exportieren von Excel-Tabellen in eine Access-Datenbank**. Falls diese Befehle im Menü *Daten* bei Ihnen fehlen, müssen Sie das Add-In *AccessLinks* und im Dialogfeld *Add-In-Manager* das Kontrollkästchen *Access-Verknüpfungen-Add-In* anschalten.

Notizen

CHIP-Schulung von bhv

Excel für Windows 95

4

Lernen Sie in diesem Kapitel, wie Sie Makros aufzeichnen und einsetzen. An verschiedenen Beispielen üben Sie den Einsatz des Makrorekorders, mit dem Sie Befehlsketten aufzeichnen können.

Sie verknüpfen die so erstellten Makros mit Schaltflächen in der Symbolleiste oder im Arbeitsblatt und ordnen ihnen Tastenschlüssel zu. Außerdem nehmen Sie einen Befehl zum Aufruf eines Makros in das Menü *Extras* auf.

Sie lernen den Umgang mit den für die Aufzeichnung wichtigen Schaltflächen in der Symbolleiste *Visual Basic* und prüfen die aufgezeichneten Befehle in einer speziellen Arbeitsmappe. Zum Schluß erfahren Sie noch, wie Sie die Veränderung in der Symbolleiste und in den Menüs zurücksetzen können.

- Einen Makro aufzeichnen
- Befehle eingeben
- Den Makro starten
- Eine relative Aufzeichnung
- Makro mit einer Schaltfläche verknüpfen
- Makro in ein Menü aufnehmen
- Dem Makro einen Shortcut zuordnen
- Persönliche Makro-Arbeitsmappe
- Dateien per Makro aufrufen
- Daten per Makro filtern
- Schaltflächen im Blatt
- Die Symbolleiste *Visual Basic*
- Schaltflächenbeschriftung festlegen
- Makro in eine andere Mappe kopieren
- Kommentare einfügen
- Modul umbenennen und drucken
- Mappe aus dem Startverzeichnis entfernen
- Symbolleiste und Menü zurücksetzen

Einen Makro aufzeichnen

1. **Schließen Sie alle Mappen**, und öffnen Sie eine **neue Standardmappe**.
2. Wählen Sie *Extras/Makro aufzeichnen/Aufzeichnen*, und geben Sie bei *Makroname* ein:

   `Absender_Einfügen`

3. **Überschreiben Sie die Standardvorgabe** im Feld *Beschreibung* mit folgender Erläuterung:

   `Der Makro fügt den Firmenabsender in der Schrift Times New Roman und der Schriftgröße 8 in das Tabellenblatt ein`

4. Klicken Sie auf die Schaltfläche *Optionen*, markieren Sie bei *Speichern in* die Option *Dieser Arbeitsmappe*, und starten Sie die Aufzeichnung des Makros mit *OK*.
5. Excel blendet während der Aufzeichnung **eine zusätzliche Symbolleiste mit einer einzelnen Schaltfläche ein.**

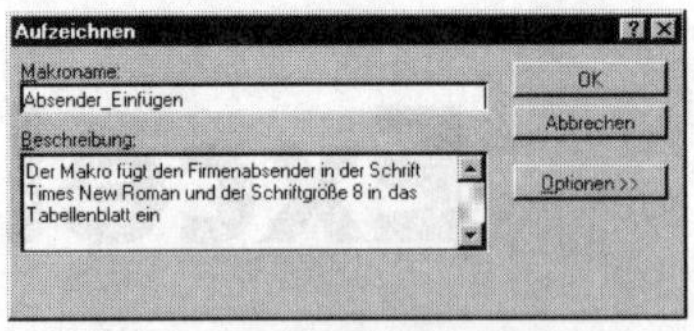

Einen Makro aufzeichnen

Die Symbolleiste „Aufzeichnung beenden"

Befehle eingeben

1. Klicken Sie in die Zelle A1, öffnen Sie die **Schriftenliste**, und wählen Sie die Schrift *Times New Roman*.
2. Öffnen Sie die Liste *Schriftgrad*, und wählen Sie die Schriftgröße „8".
3. **Schreiben Sie den Firmenabsender von Elektro-Lux:**

   `Elektro-Lux, Industriestr. 11, 40175 Düsseldorf`

4. **Beenden Sie die Eingabe** mit [↵].
5. Klicken Sie auf die Schaltfläche *Makro-Aufzeichnung beenden* ■ in der **zusätzlichen Symbolleiste.**

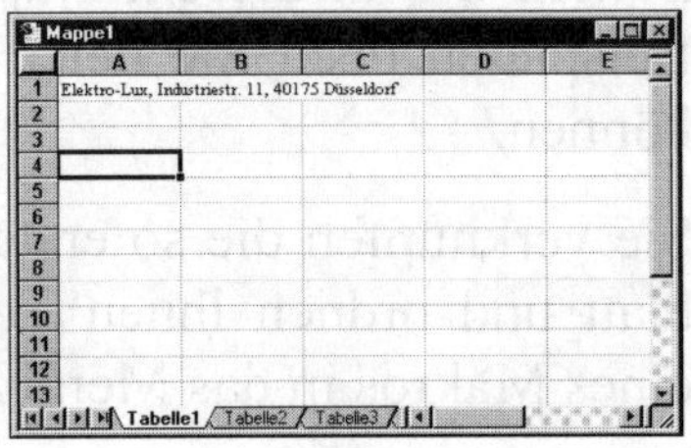

Makro-Aufzeichnung beenden

Den Makro starten

1. Klicken Sie auf A1, und wählen Sie *Bearbeiten/Inhalte löschen/Alles*.
2. Klicken Sie in die Zelle C10, und wählen Sie *Extras/Makro*.
3. Markieren Sie in der Liste *Makroname/Bezug* den Eintrag *Absender_Einfügen*.
4. **Lesen** Sie die zugeordnete **Beschreibung** im Feld *Beschreibung*.
5. Aktivieren Sie die Schaltfläche *Ausführen*.
6. Markieren Sie anschließend A1, und wählen Sie wieder *Bearbeiten/Inhalte löschen/Alles*.

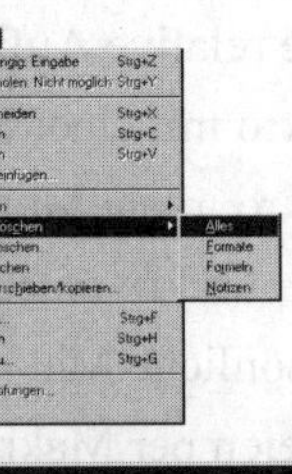

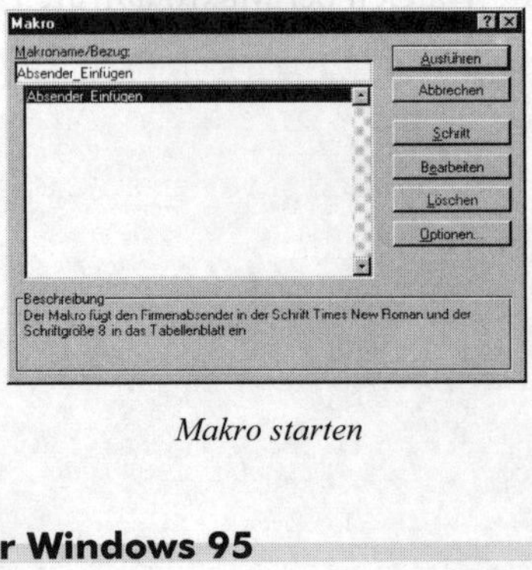

Makro starten

Zusatzwissen

Ein **Makro speichert eine Reihe von Befehlen** und **führt diese wieder aus**, wenn er gestartet wird. Makros werden für Arbeitsschritte erstellt, die immer in der gleichen Reihenfolge durchgeführt und deshalb automatisiert werden können. Makros sollen das Arbeiten mit Excel **komfortabler** und **effektiver** machen.

Sie können die **Befehle**, die Sie in einem Makro speichern wollen, mit der **Maus** bzw. über die **Tastatur** eingeben oder mit dem **Makro-Editor schreiben**.

Der Makro *Absender_Einfügen* soll den Firmenabsender automatisch einfügen und formatieren. Sie werden später dem **Makro noch eine Schaltfläche und eine Tastenkombination zuordnen**, so daß ein **Klick** auf diese Schaltfläche oder das **Drücken der Tastenkombination** genügt, um den Absender einzufügen.

Normalerweise starten Sie eine Makroaufzeichnung über den Befehl *Extras/Makro aufzeichnen/Aufzeichnen.* **Wenn keine Mappe geöffnet** ist, fehlt jedoch das Menü *Extras*, und Sie **finden den Befehl zur Makroaufzeichnung im Menü** *Datei.*

Ein **Makroname** darf aus **Buchstaben**, **Ziffern** und dem **Unterstrich** bestehen. Sie müssen jeden Makronamen allerdings **mit einem Buchstaben beginnen**.

Die **Erläuterung** im Feld *Beschreibung* kann bis zu **255 Zeichen lang** sein und soll Sie an den Inhalt sowie an die Funktion des Makros erinnern.

Statt der Schaltfläche *Makro-Aufzeichnung beenden* ■ können Sie auch den Befehl *Datei/Makro aufzeichnen/Aufzeichnung beenden* bzw. *Datei/Aufzeichnung beenden* wählen.

Wenn Sie einen **Makro aufrufen, führt er alle gespeicherten Befehle in der während der Makroaufzeichnung festgelegten Reihenfolge aus.**

Sie können einen Makro auf **verschiedene Art und Weise starten**. Die einfachste Möglichkeit führt über das Dialogfeld *Makro*. Grundsätzlich haben Sie vier Möglichkeiten, einen Makro ausführen zu lassen:

- Sie wählen *Extras/Makro*, markieren den Makronamen und aktivieren die Schaltfläche *Ausführen*. Falls keine Arbeitsmappe geöffnet ist, wählen Sie statt *Extras* das Menü *Datei*.
- Wenn Sie die **Symbolleiste *Visual Basic*** eingeblendet haben, aktivieren Sie dort die Schaltfläche *Makro ausführen*, wählen dann den Makro und aktivieren *Ausführen*.
- Sie ordnen dem Makro eine **Schaltfläche** in einer Symbolleiste oder im Tabellenblatt zu und aktivieren diese.
- Sie verknüpfen den Makro mit einer **Tastenkombination** und drücken diese Tastenkombination, wenn Sie den Makro starten wollen.

Eine relative Aufzeichnung

1. Wählen Sie *Extras/Makro aufzeichnen/Relative Aufzeichnung*.
2. Wählen Sie **nochmals** *Extras/Makro aufzeichnen* und diesmal *Aufzeichnen*.
3. Geben Sie bei *Makroname* ein:

   `Absender_Relativ_Einfügen`

4. Geben Sie **in das Feld** *Beschreibung* ein:

   `Der Makro fügt den Absender immer in die aktuelle Zelle ein`

5. Aktivieren Sie die Schaltfläche *OK*, um die **Makroaufzeichnung zu starten.**
6. Geben Sie **nochmals den Absender** ein, und **formatieren** Sie ihn genauso wie im ersten Makro.
7. Aktivieren Sie dann die Schaltfläche *Makro-Aufzeichnung beenden* ■.
8. **Löschen** Sie wieder den eingegebenen Absender samt Formatierung, und klicken Sie auf eine **beliebige Zelle in der Tabelle.**

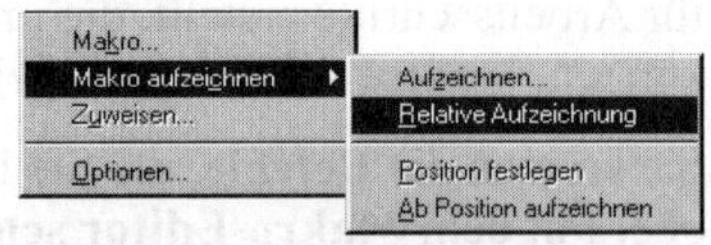

Einen Makro relativ aufzeichnen

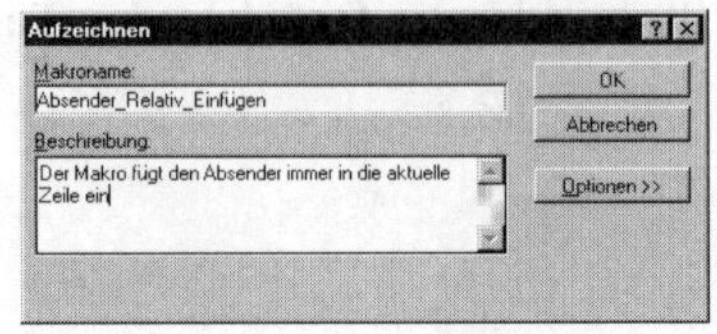

Makro mit einer Schaltfläche verknüpfen

1. Wählen Sie *Ansicht/Symbolleisten*, und aktivieren Sie die Schaltfläche *Anpassen*.
2. Markieren Sie in der Liste *Kategorien* den Eintrag *Benutzerdefiniert*.
3. Klicken Sie auf die Schaltfläche 🗨, und **ziehen Sie diese mit gedrückter linker Maustaste an den Anfang der Symbolleiste** *Standard*.
4. Markieren Sie **im Dialogfeld** *Zuweisen* den Eintrag *Absender_Relativ_Einfügen*.
5. Schließen Sie das Dialogfeld *Zuweisen* mit *OK* und das Dialogfeld *Anpassen* mit *Schließen*.
6. Klicken Sie **auf die neu eingefügte Schaltfläche** 🗨, um den Makro zu **testen**.

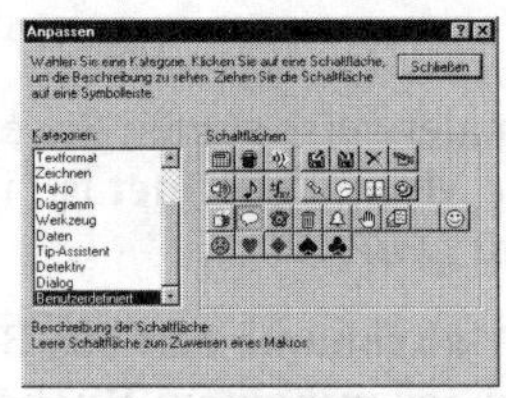

Das Dialogfeld „Anpassen" mit der Kategorie „Benutzerdefiniert"

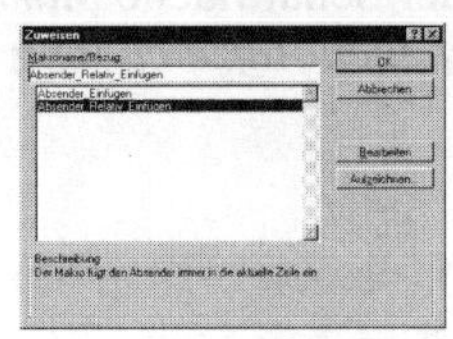

Zuweisen des Makros

Makro in ein Menü aufnehmen

1. Wählen Sie *Extras/Makro*, und markieren Sie den Eintrag *Absender_Relativ_Einfügen*.
2. **Erweitern Sie das Dialogfeld** mit der Schaltfläche *Optionen*.
3. Schalten Sie das **Kontrollkästchen** *Befehl im Menü 'Extras'* an, und geben Sie im Textfeld ein:

   `Absender einfügen`

4. Tragen Sie in das Feld *Statusleistenmeldung* ein:

   `Fügt den Firmenabsender in die aktuelle Zelle ein`

5. Bestätigen Sie mit *OK*, und verlassen Sie das Dialogfeld *Makro* mit der Schaltfläche *Schließen*.
6. **Öffnen Sie das Menü** *Extras*, und markieren Sie den Befehl *Absender einfügen* am Ende des Menüs.
7. Lesen Sie den Text in der Statuszeile, und klicken Sie auf den neuen Befehl.

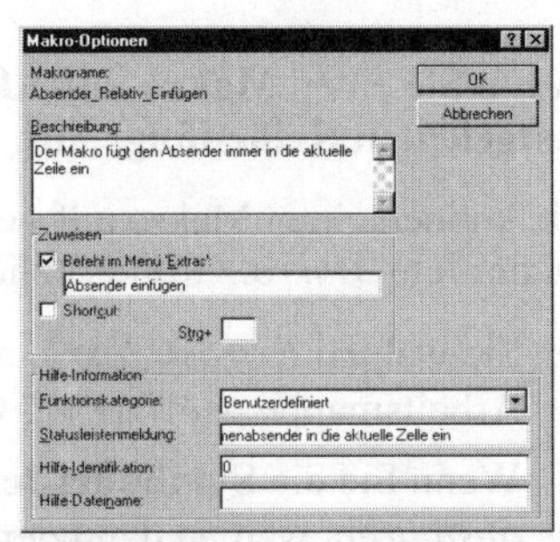

Als Befehl in ein Menü aufnehmen

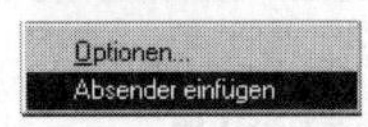

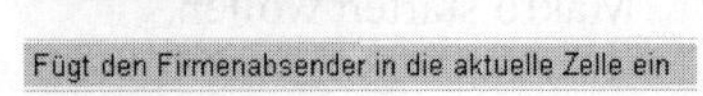

Befehl und Hilfetext in der Statusleiste

Normalerweise führt Excel eine **Makroaufzeichnung absolut** durch. Bei einer absoluten Aufzeichnung **speichert** Excel die **absolute Position aller Zellen**, die Sie bearbeiten. Starten Sie den Makro, so wird die Zellbearbeitung an den gleichen Zellen durchgeführt, die Sie auch während der Aufzeichnung bearbeitet haben.

Sie können einen Makro flexibler gestalten, indem Sie ihn ***relativ* aufzeichnen**. Bei einer relativen Aufzeichnung speichert der Makrorekorder die **Positionen der aktivierten Zellen im Bezug zur Ausgangszelle**. Wird der Makro später ausgeführt, wählt Excel alle Zellen im Bezug zu der Zelle, die aktiviert war, als Sie den Makro starteten.

Mit dem Befehl *Extras/Makro aufzeichnen/Relative Aufzeichnung* können Sie zwischen der relativen und der absoluten Aufzeichnung wechseln. Der **Befehl stellt sich** nach einer relativen Aufzeichnung **nicht automatisch zurück**, sondern Sie müssen ihn selbst ausschalten.

Sie können **einen Makro mit einer der Schaltflächen verknüpfen**, die im Dialogfeld *Anpassen* in der Kategorie *Benutzerdefiniert* angezeigt werden. Alle **Schaltflächen** dieser Kategorie **sind nicht mit Excel-Befehlen verknüpft** und stehen Ihnen deshalb **für Ihre Makros zur Verfügung**. Wenn Sie eine Schaltfläche, der kein Excel-Befehl zugeordnet ist, im Dialogfeld *Anpassen* anklicken, zeigt Excel im Bereich *Beschreibung der Schaltfläche*, unten im Dialogfeld, den Hinweis:

```
Leere Schaltfläche zum Zuweisen eines Makros.
```

Eine andere Möglichkeit, Makros mit Schaltflächen zu verknüpfen, bieten Ihnen die **Befehlsschaltflächen**, die Sie über die Symbolleiste *Zeichnen* **in ein Excel-Tabellenblatt einfügen** können. Diese Schaltflächen können Sie, im Gegensatz zu den Standardschaltflächen, **mit einer beliebigen Beschriftung** versehen.

Sie können eine **Standardschaltfläche** jedoch auch **verändern**, indem Sie nach dem Einfügen der Schaltfläche in eine Symbolleiste bei geöffnetem Dialogfeld *Anpassen* mit der **rechten** Maustaste auf die Schaltfläche klicken und den Eintrag *Schaltflächensymbol bearbeiten* wählen. Im nächsten Kapitel erfahren Sie Näheres über die Bearbeitung von Schaltflächen.

Excel fügt die den Makros zugeordneten Befehle immer im Menü *Extras* und immer **am Ende des Menüs** auf. Sie können den **Menü-Editor** einsetzen, um einen Makro in ein anderes Menü aufzunehmen.

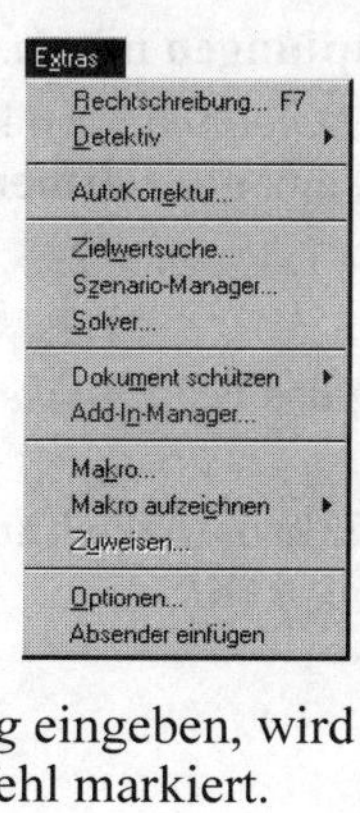

Der Text, den Sie in das Feld *Statusleistenmeldung* eingeben, wird **als Hilfestellung in der Statuszeile angezeigt**, sobald der Anwender den benutzerdefinierten Befehl markiert.

Dem Makro einen Shortcut zuordnen

1. Wählen Sie *Extras/Makro*, und markieren Sie den Eintrag *Absender_Relativ_Einfügen*.
2. **Erweitern Sie das Dialogfeld wieder** mit der Schaltfläche *Optionen*.
3. Schalten Sie **in der Rubrik** *Zuweisen* das Kontrollkästchen *Shortcut* an.
4. Tragen Sie in das Feld *Strg+* ein:

   ```
   1
   ```
5. Bestätigen Sie mit *OK*, und verlassen Sie das Dialogfeld *Makro* mit der Schaltfläche *Schließen*.
6. Klicken Sie **in eine beliebige Tabellenzelle**, und **drücken** Sie die **Tastenkombination** [Strg]+[1].

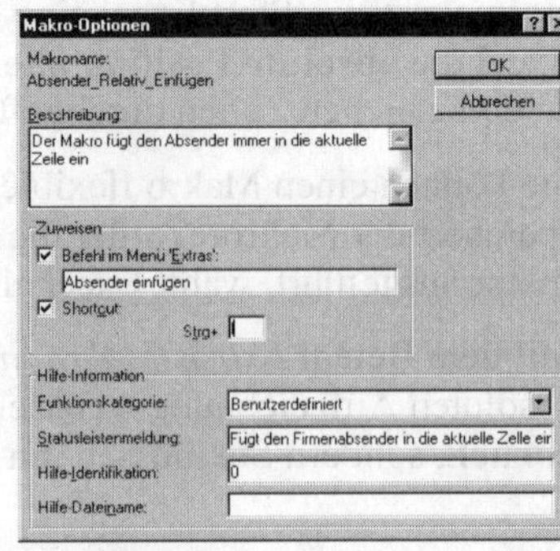

Shortcut zuordnen

Persönliche Makro-Arbeitsmappe

1. Wählen Sie *Fenster/Ausblenden*.
2. Wählen Sie *Datei/Aufzeichnen*, und geben Sie bei *Makroname* ein:

   ```
   Neue_Bestellung
   ```
3. Geben Sie in das Feld *Beschreibung* ein:

   ```
   Erstellt ein neues Bestellformular, öffnet Lagerverwaltung,
   aktiviert Artikelliste und ordnet beide an
   ```
4. Aktivieren Sie die Schaltfläche *Optionen*.
5. In der Optionsgruppe *Speichern in* **ist automatisch die Schaltfläche** *Persönlicher Makro-Arbeitsmappe* markiert.
6. Bestätigen Sie mit *OK*, um die **Makroaufzeichnung zu starten**.

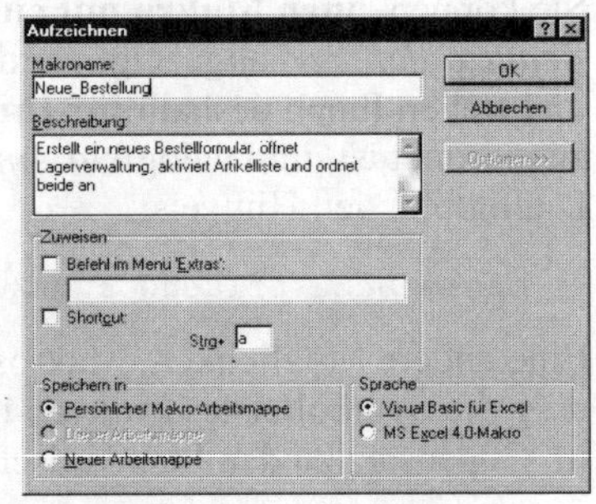

Makro in der persönlichen Makro-Arbeitsmappe speichern

Dateien per Makro aufrufen

1. Wählen Sie *Datei/Neu*, markieren Sie auf der Registerkarte *Allgemein* den Eintrag *Bestellung*, und aktivieren Sie *OK*.
2. **Bestätigen Sie das Aktualisieren der Verknüpfungen** mit *Ja*.
3. Wählen Sie *Datei/Öffnen*, und geben Sie unter *Dateiname* den kompletten Speicherpfad zu der Datei *Lagerverwaltung.xls* ein, **oder öffnen Sie den Ordner**, und **markieren Sie den Dateinamen**.
4. Klicken Sie auf die Schaltfläche *Öffnen*.
5. Aktivieren Sie **in der Mappe** *Lagerverwaltung* das Blatt *Artikelliste*, und wählen Sie *Fenster/Anordnen/Horizontal*.
6. Bestätigen Sie mit *OK*, und **beenden Sie die Makroaufzeichnung** mit der Schaltfläche *Makro-Aufzeichnung beenden* [■].

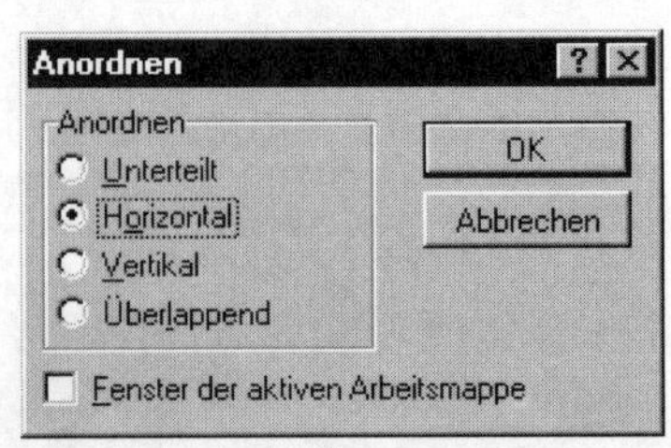

Zusatzwissen

Wenn Sie **einem Makro eine Tastenkombination zuordnen**, können Sie ihn **ohne die Maus aktivieren**. Dies empfiehlt sich insbesondere für das **Starten von Makros**, die Sie **während der Eingabe von Daten ausführen wollen**. Der lästige Wechsel zwischen Tastatur und Maus entfällt dadurch.

Das Problem beim Zuordnen von Tastenkombinationen ist, daß **viele Tastenschlüssel schon den Excel-Standardbefehlen zugeordnet sind**. Da eine Tastenkombination für einen Makro immer nur eine einzelne Buchstabentaste in Verbindung mit der Taste [Strg] verwenden darf, sind die Möglichkeiten eingeschränkt.

Wenn Sie bereits viele Makros aufgezeichnet haben und Ihnen deshalb keine freien Tastenkombinationen mehr zur Verfügung stehen, verwenden Sie die Shortcuts von solchen Excel-Standardbefehlen, denen mehrere Tastenkombinationen zugeordnet sind oder die Sie sehr selten einsetzen.

Sie können einen neuen **Makro an drei verschiedenen Orten speichern**:

- In der **aktuellen Arbeitsmappe**
- In einer **neuen Arbeitsmappe**
- In der **persönlichen Arbeitsmappe**

Wenn Sie Ihren ersten Makro erstellen und nichts anderes festlegen, wird er in der **aktuellen Arbeitsmappe** gespeichert. Er steht Ihnen dann **nur in dieser Arbeitsmappe zur Verfügung**. Makros, auf die Sie von allen Mappen aus zugreifen wollen, sollten Sie in der persönlichen Makro-Arbeitsmappe speichern.

Die **persönliche Makro-Arbeitsmappe wird erst erstellt, wenn Sie den ersten Makro darin speichern**. Sie wird automatisch im Speicherordner *XLStart* gespeichert. Alle dort gespeicherten Mappen werden beim Excel-Start automatisch geladen.

Die Optionsschaltfläche *Persönlicher Makro-Arbeitsmappe* wird immer **automatisch markiert**, sobald Sie eine **Makroaufzeichnung starten** und dabei **keine Mappe geöffnet ist**.

Die **persönliche Arbeitsmappe ist weiterhin geöffnet, wird aber während dieser Sitzung und auch zukünftig automatisch ausgeblendet**. Die andere von Ihnen geöffnete Mappe wurde bereits ausgeblendet, damit sie beim Anordnen der Mappen keinen Platz beansprucht.

Sie erkennen an diesem Beispiel, daß **vor der Aufzeichnung eines Makros** die **Ausgangsposition genau überlegt und geplant werden muß**, damit der Makro korrekt arbeiten kann.

Falls Sie während einer Makroaufzeichnung feststellen, daß Sie vor dem Aufzeichnen vergessen haben, bestimmte Voraussetzungen herzustellen, sollten Sie die Aufzeichnung beenden. Korrigieren Sie die Ausgangssituation, und beginnen Sie die Aufzeichnung unter demselben Makronamen erneut. Sie bestätigen die Ersetzung des bereits vorhandenen Makros mit *Ja*.

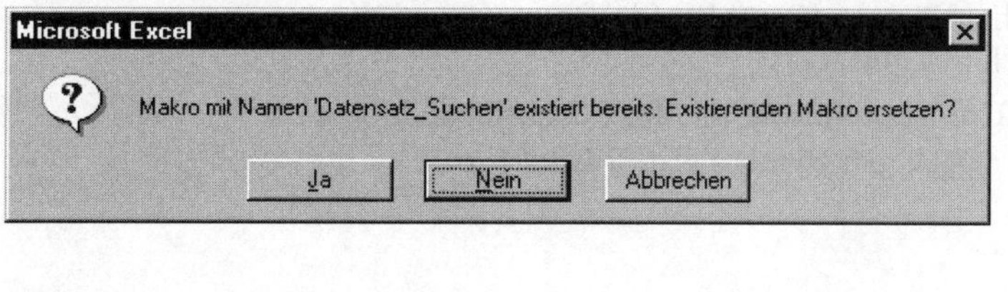

Daten per Makro filtern

1. Schließen Sie die **beiden neu eingeblendeten Mappen, ohne sie zu speichern**, und wählen Sie *Datei/Makro*.
2. Markieren Sie den Makronamen *PERSONL.XLS!Neue_Bestellung*, und aktivieren Sie die Schaltfläche *Ausführen*.
3. **Bestätigen Sie das Aktualisieren**, und schließen Sie die *Bestellung1*, ohne sie zu speichern.
4. **Kontrollieren Sie, ob der Suchkriterienbereich** nur den Eintrag *Lager auffüllen!* **in der Zelle I19** enthält.
5. Wählen Sie *Extras/Makro aufzeichnen/Relative Aufzeichnung* und dann *Extras/Makro aufzeichnen/Aufzeichnen*. Geben Sie bei *Makroname* ein:

   `Bestellartikel_Filtern`

6. Geben Sie als *Beschreibung* ein:

   `Filtert die zu bestellenden Artikel`

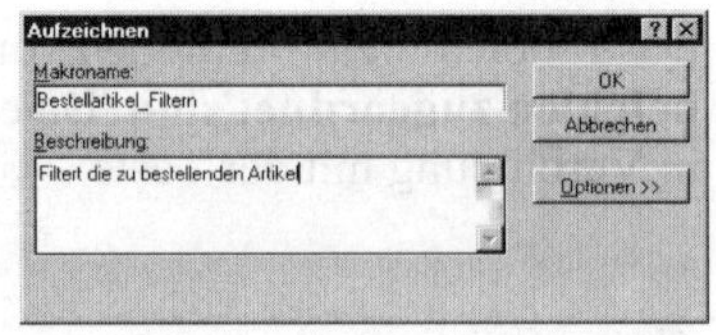

Der Makro zum Filtern

Schaltflächen im Blatt

1. Aktivieren Sie die Schaltfläche *Optionen*, und markieren Sie in der Optionsgruppe *Speichern in* den Eintrag *Dieser Arbeitsmappe*.
2. Aktivieren Sie die Schaltfläche *OK*, **klicken Sie in den Listenbereich**, und wählen Sie *Daten/Filter/Spezialfilter*.
3. Kontrollieren Sie die eingetragenen Bezüge, und aktivieren Sie *OK*. **Beenden Sie die Aufzeichnung** mit der Schaltfläche ■.
4. Wählen Sie *Ansicht/Symbolleisten*, und schalten Sie das Kontrollkästchen *Zeichnen* ein.
5. Schließen Sie das Dialogfeld mit *OK*.
6. Aktivieren Sie die Schaltfläche *Befehlsschaltfläche*, und ziehen Sie in der Zelle B25 eine Schaltfläche auf.
7. Markieren Sie im Dialogfeld *Zuweisen* den Eintrag *Bestellartikel_Filtern*, und bestätigen Sie mit *OK*.

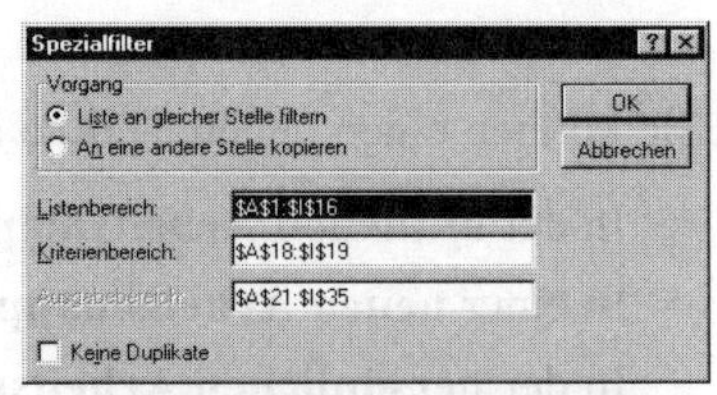

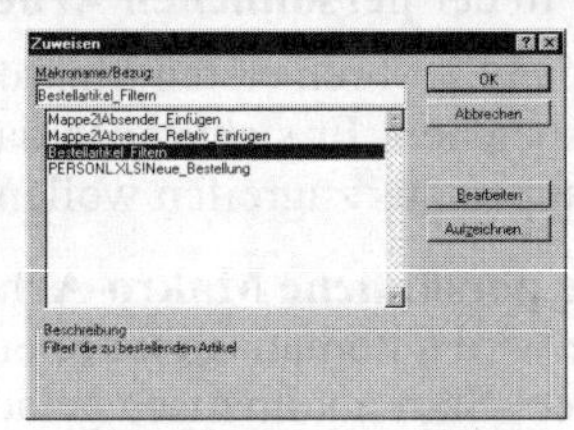

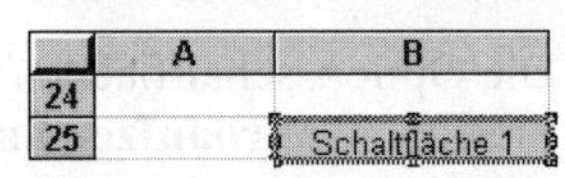

Befehlsschaltfläche für Makros

Die Symbolleiste *Visual Basic*

1. Klicken Sie **neben die Schaltfläche**, und wählen Sie *Ansicht/Symbolleisten*.
2. Schalten Sie das **Kontrollkästchen** *Visual Basic* ein, und **aktivieren** Sie die Schaltfläche *OK*.
3. Aktivieren Sie in der neuen Symbolleiste die Schaltfläche *Makro-Aufzeichnung beginnen* ●. Geben Sie bei *Makroname* ein:

   `Alle_Artikel_anzeigen`

4. Geben Sie bei *Beschreibung* ein:

   `Setzt den Spezialfilter wieder zurück`

5. Aktivieren Sie die Schaltfläche *OK*, wählen Sie *Daten/Filter/Alle anzeigen*, und klicken Sie danach in Zelle A27.
6. **Beenden Sie die Makroaufzeichnung** mit der Schaltfläche *Makro-Aufzeichnung beenden* ■ in der Symbolleiste *Visual Basic*.

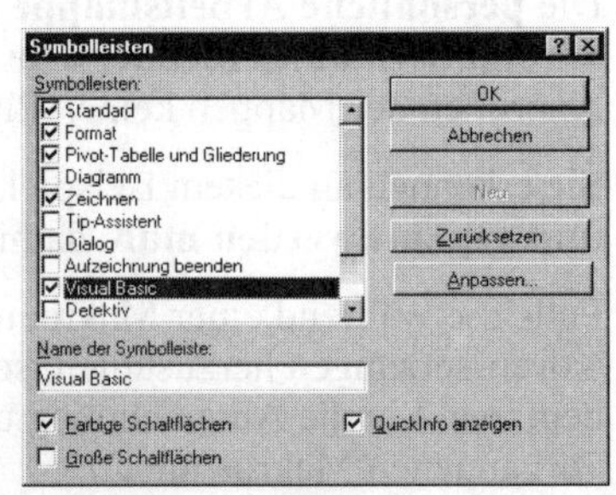

Makro-Aufzeichnung beginnen

Zusatzwissen

Der Makro, den Sie hier erstellen, soll es Ihnen ermöglichen, die **Artikelliste** später **durch einen einfachen Klick** so zu **filtern**, daß **nur die Datensätze angezeigt werden**, die **nachbestellt werden müssen**. Sie filtern diese durch den Eintrag *Lager auffüllen!*, der durch die Bedingung ausgegeben wird, die Sie in der ersten Lektion in der Spalte *Vorrat* formuliert haben.

Sie werden später einen weiteren Makro erstellen, der den Filter wieder aufhebt. Beiden Makros ordnen Sie Schaltflächen zu, so daß Sie mit einfachem Klick filtern und den Filter zurücksetzen können, ohne daß Sie dazu einen Menübefehl aufrufen oder das Dialogfeld *Spezialfilter* öffnen müssen.

Der Einsatz von **Befehlsschaltflächen im Tabellenblatt hat verschiedene Vorteile**:

- Sie belegen **keinen Platz in den Standardsymbolleisten**.
- Sie können **auf beliebige Größe** gezogen werden.
- Sie können mit einer **beliebigen Beschriftung** versehen werden.

Wenn Sie eine **Befehlsschaltfläche einfügen**, wird diese nach dem Einfügen **automatisch markiert**. Sie können deshalb **sofort nach dem Einfügen die Standardbeschriftung** der Schaltfläche durch eine andere Beschriftung **ersetzen**.

Die **letzte Einstellung**, die Sie **im erweiterten Dialogfeld** *Aufzeichnen* bezüglich des **Speicherortes eines Makros vorgenommen** haben, **bleibt eingestellt**. Sie dürfen also nicht vergessen, in der Optionsgruppe *Speichern in* den eingestellten Speicherort eines Makros zu kontrollieren, wenn Sie einen neuen Makro aufzeichnen wollen.

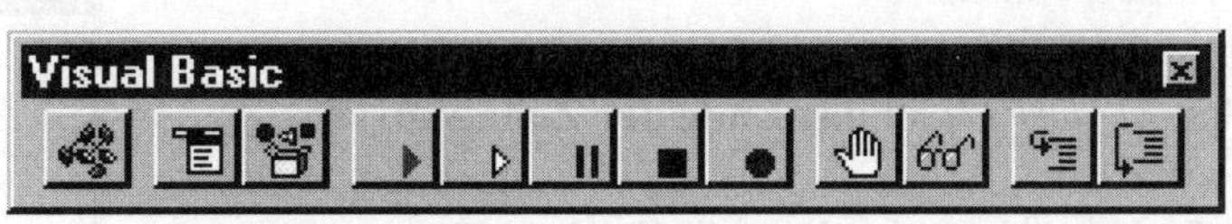

Die Symbolleiste *Visual Basic* unterstützt die **Aufzeichnung**, das **Ausführen**, das **Schreiben**, das **Testen** und das **Korrigieren** von Makros mit besonderen Schaltflächen. Für das Aufzeichnen von Makros sind folgende Schaltflächen interessant:

- öffnet das Dialogfeld *Makro*, damit Sie den **auszuführenden Makro** auswählen können.
- öffnet das Dialogfeld *Aufzeichnen*, damit Sie einen Namen für den **neuen Makro** angeben können.
- startet einen Makro im **Einzelschritt**; diese Möglichkeit haben Sie auch mit der Schaltfläche *Schritt* im Dialogfeld *Makro*.
- führt den **nächsten Makroschritt** eines im Einzelschritt gestarteten Makros aus.

Schaltflächenbeschriftung festlegen

1. Aktivieren Sie die Schaltfläche *Befehlsschaltfläche* **in der Symbolleiste** *Zeichnen*, und **ziehen Sie in B27 eine weitere Schaltfläche auf.**
2. Markieren Sie im Dialogfeld *Zuweisen* diesmal den Eintrag *Alle_Artikel_anzeigen*, und aktivieren Sie *OK.*
3. Die **neue Schaltfläche ist noch markiert**. Geben Sie **als neue Beschriftung** für die Schaltfläche ein:

   ```
   Alle anzeigen
   ```

4. Klicken Sie **neben die Schaltfläche** und dann in der Symbolleiste *Zeichnen* auf die Schaltfläche *Objekte markieren* .
5. Klicken Sie dann **auf die erste Schaltfläche**, und geben Sie ein:

   ```
   Bestellen
   ```

6. Klicken Sie neben die Schaltfläche *Bestellen* und dann nochmals auf die Schaltfläche *Objekte markieren* , um sie zu deaktivieren.

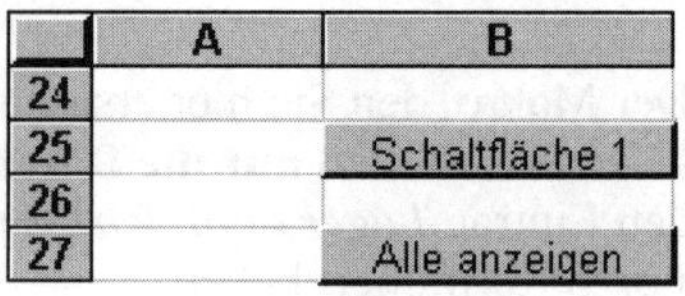

Objekte markieren

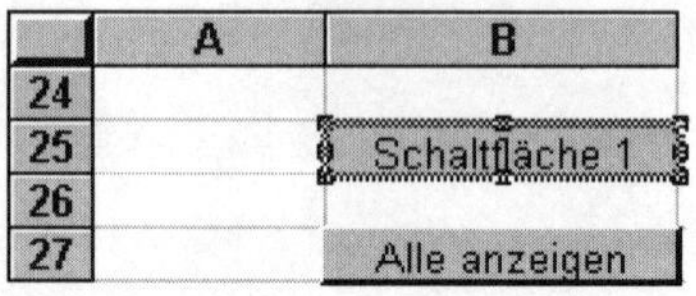

Die neue Beschriftung

Makro in eine andere Mappe kopieren

1. **Testen Sie beide Schaltflächen**, indem Sie zuerst *Bestellen* und dann *Alle anzeigen* aktivieren.
2. Wählen Sie *Datei/Speichern unter*, und **ergänzen Sie den Dateinamen zu**:

   ```
   Lagerverwaltung mit Makros
   ```

3. Aktivieren Sie *Speichern*, und **schließen Sie die Mappe**. Wählen Sie anschließend *Datei/Einblenden.*
4. Markieren Sie den Eintrag *Personl.xls*, und bestätigen Sie mit *OK*. **Blenden Sie auch die unbenannte Mappe ein**, und aktivieren Sie in der Registerlaufleiste die Schaltfläche für das **letzte Blatt**.
5. Klicken Sie mit der **rechten** Maustaste auf das Register *Modul1*, und wählen Sie *Verschieben/kopieren.*
6. Öffnen Sie die Liste *Zur Mappe.* Markieren Sie den Eintrag *PERSONL.XLS.*
7. Markieren Sie in der Liste *Einfügen vor* den Eintrag *(ans Ende stellen)*, und **schalten Sie das Kontrollkästchen** *Kopieren* **ein.**

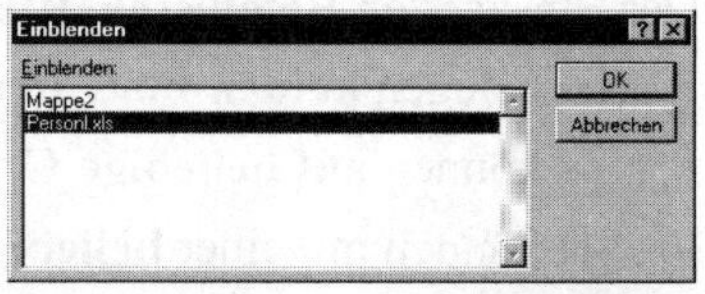

Ausgeblendete Mappe einblenden

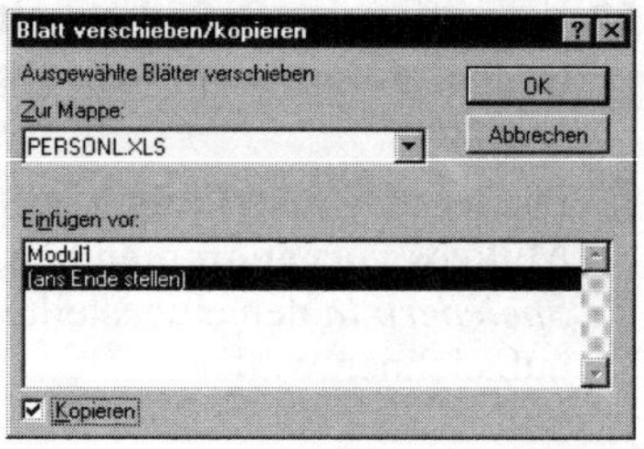

Modul kopieren

Kommentare einfügen

1. Schließen Sie das Dialogfeld mit *OK*.
2. Klicken Sie im Modulblatt *Modul1 (2)* **an das Ende der Zeile** *Sub Absender_Relativ_Einfügen()*
3. Drücken Sie **einmal** die Taste ↵, um eine **leere Zeile einzufügen**.
4. Schreiben Sie folgenden **Kommentar in die neue Zeile**:

   ```
   'Hier beginnt die Routine
   ```

5. Setzen Sie den Cursor **an das Ende der letzten Makrozeile** hinter *End Sub*, und geben Sie dort am Ende ein:

   ```
   'Hier endet die Routine
   ```

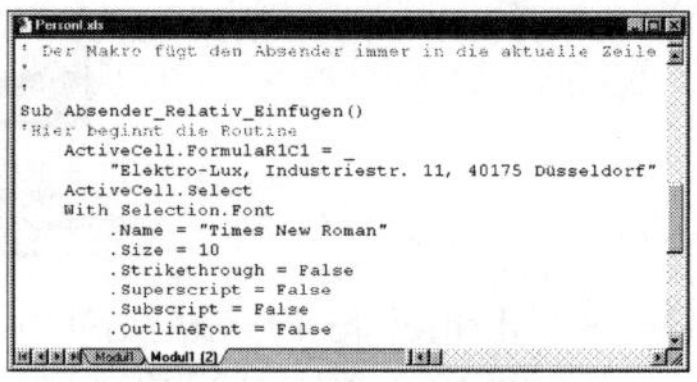

Kommentar am Anfang ...

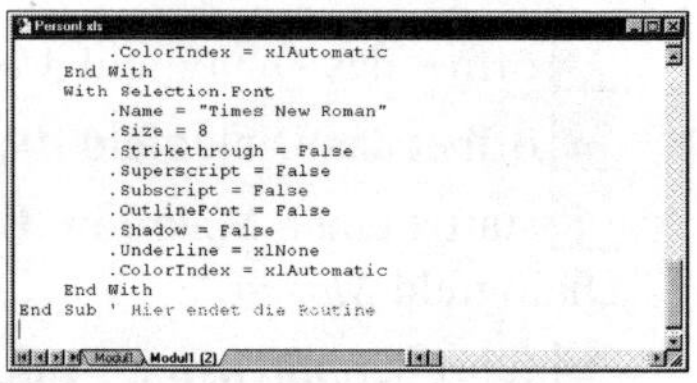

... und Ende der Routine

Versuchen Sie **nicht**, eine **Schaltfläche, die Sie einem Makro zugeordnet haben**, durch **Klick zu aktivieren**, damit Sie die Beschriftung ändern können. Der Makro wird sonst ausgeführt. Sie müssen die Schaltfläche immer erst mit der Schaltfläche *Objekte markieren* zur Bearbeitung aktivieren.

Die Mappe *PERSONL.XLS* wird im *EXCEL*-Unterordner *XLStart* gespeichert. Alle Mappen aus diesem Verzeichnis werden beim Start von Excel **automatisch geladen**. Makros, die Sie in der Mappe *PERSONL.XLS* speichern, stehen Ihnen deshalb **in jeder Mappe zur Verfügung**.

Damit die Mappe *PERSONL.XLS* nicht unnötigen Platz auf dem Bildschirm einnimmt, wird **sie nach dem Programmstart** und dem Öffnen **automatisch ausgeblendet**.

Sie können einen **Makro aus der ausgeblendeten Arbeitsmappe** zwar **ausführen**, aber **nicht bearbeiten**. Versuchen Sie einen der dort enthaltenen Makros zu bearbeiten, erhalten Sie eine **Fehlermeldung**. Wählen Sie deshalb zuerst den Befehl *Fenster/Einblenden*, um die Mappe einzublenden, und rufen Sie erst dann den Makro zur Bearbeitung auf.

Endlich können Sie einen Blick in das werfen, was der Makrorekorder speichert, wenn Sie Befehle aufzeichnen lassen. Jeder neue Makro wird in einer **abgeschlossenen Prozedur** gespeichert.

Jede **Makroprozedur** wird von den **Schlüsselwörtern** *Sub Makroname()* und *End Sub* **eingeschlossen**. Eingeleitet wird ein Makro immer durch einen Kommentar, der die von Ihnen eingegebene Makro-Beschreibung und Informationen über den Anwender und den Zeitpunkt der Aufzeichnung enthält. Ein **Kommentar wird beim Ausführen des Makros ignoriert**.

Nutzen Sie die Möglichkeit, **Kommentare** in die von Ihnen aufgezeichneten Makros einzufügen. Sie helfen Ihnen, wenn Sie später nachvollziehen wollen, welche Bedeutung jeder einzelne Makroschritt hat. Kommentar wird in grüner Schrift angezeigt und muß mit einem **einfachen Anführungszeichen** eingeleitet werden.

Makros werden in speziellen Arbeitsblättern, sogenannten ***Modulen***, **gespeichert**. Bei der Aufzeichnung eines Makros fügt Excel automatisch ein neues **Modulblatt** ein, in dem die aufgezeichneten Befehle gespeichert werden.

Module umbenennen und drucken

1. Doppelklicken Sie in der Mappe *Personl.xls* auf das Register *Modul1*, und geben Sie **als neuen Namen** ein:

   `Bestellung`

2. Aktivieren Sie die Schaltfläche *OK*, und **benennen** Sie *Modul 1 (2)* in „Absender" um.
3. Wählen Sie *Extras/Optionen*, und blenden Sie die Registerkarte *Modul Format* ein.
4. Wählen Sie in der Liste *Schriftgrad* den Eintrag „12", und schließen Sie das Dialogfeld mit *OK*.
5. Wählen Sie *Datei/Drucken*, und aktivieren Sie die Schaltfläche *OK*.

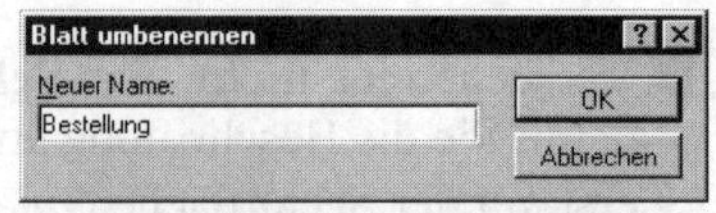

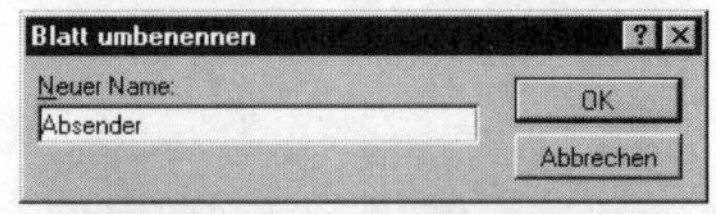

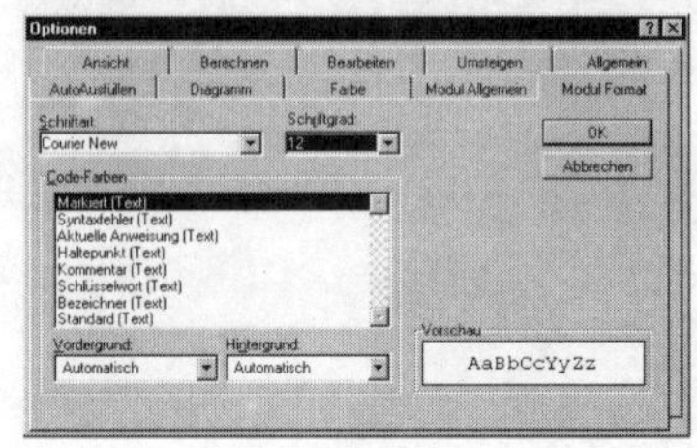

Das Format ändern

Mappe aus dem Startverzeichnis entfernen

1. **Speichern Sie die persönliche Arbeitsmappe** mit *Datei/Speichern*.
2. **Schließen Sie die Mappe** mit Klick auf die Schaltfläche *Schließen* in der Titelleiste.
3. Wählen Sie *Datei/Speichern unter*, und öffnen Sie den Ordner *XLStart*, der sich **im Excel-Programmordner** befindet.
4. Klicken Sie **mit der rechten Maustaste auf den Dateinamen** *Personl.xls*, und wählen Sie den Eintrag *Ausschneiden*.
5. **Zeigen Sie den Ordner** *Elektro-Lux* an, und klicken Sie **mit der rechten Maustaste auf den Ordner**.
6. Wählen Sie *Einfügen*, und schließen Sie das Dialogfeld *Speichern unter* mit der Schaltfläche *Abbrechen*.

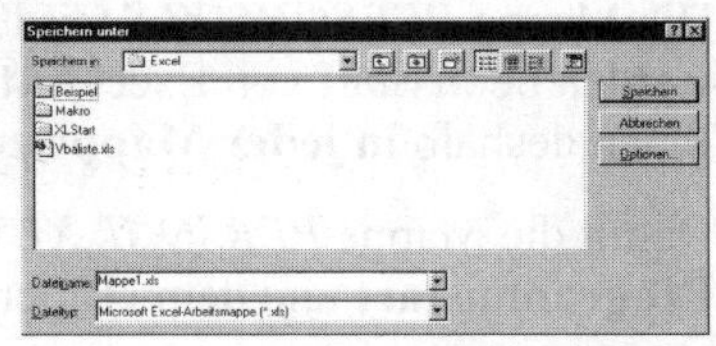

Öffnen Sie diesen Ordner

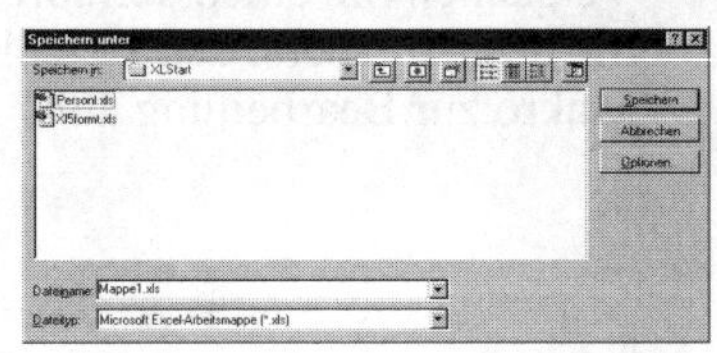

Die persönliche Mappe

Symbolleiste und Menü zurücksetzen

1. Wählen Sie *Ansicht/Symbolleisten*, und aktivieren Sie *Anpassen*.
2. **Ziehen Sie die benutzerdefinierte Schaltfläche aus der Symbolleiste** *Standard*, und verlassen Sie das Dialogfeld mit *Schließen*.
3. Wählen Sie *Extras/Makro*, und markieren Sie den Makro *Absender_Relativ_Einfügen*.
4. Aktivieren Sie die Schaltfläche *Optionen*, und **schalten Sie das Kontrollkästchen** *Befehl im Menü 'Extras'* **aus**.
5. Bestätigen Sie mit *OK*, und bestätigen Sie das Dialogfeld *Makro* mit der Schaltfläche *Schließen*.
6. **Speichern** Sie die unbenannte Mappe als *Absendermakros*, und **schließen** Sie diese.

Die benutzerdefinierte Schaltfläche

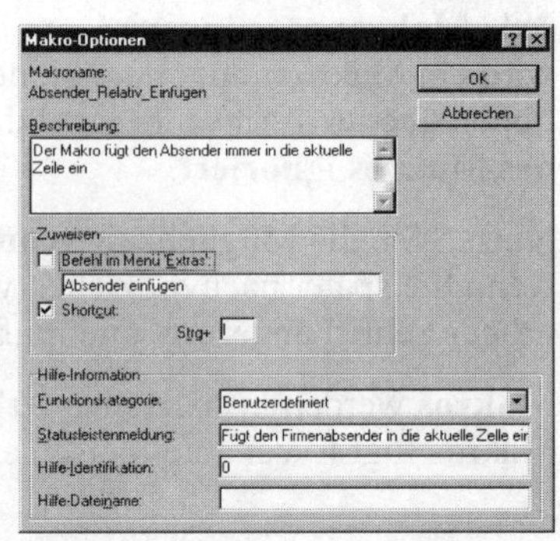

Makro aus dem Menü entfernen

Die Registerkarte *Modul Format* können Sie einsetzen, um festzulegen, **wie der Makroinhalt angezeigt und gedruckt** werden soll.

Modulblätter lassen sich **verwalten** wie Ihre Tabellen- oder Diagrammblätter. Sie können die Befehle des **Kontextmenüs** einsetzen, um sie umzubenennen, zu kopieren, zu verschieben oder zu löschen. Sie sollten jedes Modul mit einem benutzerdefinierten Namen versehen, der Sie daran erinnert, welche Makros Sie auf diesem Modulblatt gespeichert haben.

Makros werden nicht separat, sondern innerhalb einer Arbeitsmappe gespeichert und stehen Ihnen deshalb auch **nur innerhalb dieser Arbeitsmappe zur Verfügung**. Nutzen Sie deshalb die Möglichkeit, Modulblätter zu kopieren oder zu verschieben, wenn Sie einen Makro in einer anderen Mappe einsetzen wollen.

Sie können natürlich auch **Drag & Drop** einsetzen, um die Modulblätter innerhalb des Registers an eine andere Position zu verschieben oder bei gedrückter Taste [Strg] zu kopieren.

Zum **Löschen eines Makros** läßt sich auch das Dialogfeld *Makro* einsetzen. Markieren Sie den Makro, den Sie löschen wollen, und aktivieren Sie die Schaltfläche *Löschen*.

Wie bereits weiter oben in dieser Lektion erwähnt, wird die **persönliche Makro-Mappe** *Personl.xls* im Ordner *XLStart* gespeichert und deshalb **bei jedem Excel-Start geöffnet**.

Falls Sie die **Makros dieser Arbeitsmappe nicht mehr permanent benötigen**, sollten sie die Mappe **in ein anderes Verzeichnis verschieben**, um den Arbeitsspeicher zu entlasten.

Sie können die Mappe dann wie eine normale Mappe öffnen und bearbeiten. So läßt sich danach auch eine neue persönliche Arbeitsmappe mit anderen Makros im Startverzeichnis speichern.

Falls Ihnen das Erstellen der Makros Spaß gemacht hat und Sie sich **intensiver mit Makros beschäftigen wollen**, können Sie in **einer weiteren Chip-Schulung *Excel Makros* weiterführende Trainingseinheiten absolvieren**. Dort lernen Sie vor allem auch Schritt für Schritt den **Umgang mit der Makrosprache *Visual Basic*** die wesentlich **leistungsfähigere Makros** ermöglicht, sowie den Umgang mit dem ***Makro-Editor***, mit dem Sie Makros schreiben, testen und optimieren können. Hier einige Beispiele für **Makroschritte, die Sie nicht aufzeichnen können**:

- **Bedingte Anweisungen**
- **Befehlswiederholung** durch Schleifen
- Erstellung **benutzerdefinierter Tabellenfunktionen**
- Ausgabe von **Meldungen**
- **Abfrage von Benutzereingaben**
- Entwurf **eigener Dialogfelder**
- **Abfrage** und **Manipulation** von **Excel-Dialogfeldern** und Systemeinstellungen

Notizen

Excel für Windows 95

5

Im letzten Kapitel erfahren Sie, wie Sie Excel an Ihre persönlichen Bedürfnisse anpassen können. Dazu gehört auch die Aufnahme zusätzlicher Schaltflächen in Symbolleisten, um die damit verknüpften Befehle schneller aufrufen zu können.

Weiterhin lernen Sie die Möglichkeit kennen, eine bestimmte Mappe als neue Standardmappe festzulegen, die Standardschrift in einer Mappe zu ändern und einen anderen Standardarbeitsordner auszuwählen.

Lernen Sie außerdem, wie Sie Schaltflächen mit dem Schaltflächen-Editor und Menüs mit dem Menü-Editor bearbeiten können, und zum Schluß natürlich, wie Sie alle Veränderungen wieder auf Standard zurücksetzen können.

- Mappe beim Excel-Start automatisch laden
- Die Standardmappe ändern
- Standardschrift für eine Mappe ändern
- Standardschrift für neue Mappen ändern
- Standardarbeitsordner ändern
- Symbolleisten anpassen
- Der Schaltflächen-Editor
- Schaltflächenbelegung ändern
- Eigene Symbolleiste entwickeln
- Symbolleisten testen und ausblenden
- Symbolleisten löschen und zurücksetzen
- Menü im Menü-Editor verändern

Mappe beim Excel-Start automatisch laden

1. Wählen Sie *Datei/Öffnen*, und klicken Sie **mit der rechten Maustaste** auf den Eintrag für die Mappe *Adressen.xls*.
2. Wählen Sie *Verknüpfung erstellen*. Klicken Sie mit der **rechten** Maustaste auf den neuen Eintrag *Verknüpfung mit Adressen.xls*. Wählen Sie *Ausschneiden*.
3. Zeigen Sie den Ordner *XLStart* an, der sich **im Excel-Programmordner** befindet.
4. Klicken Sie **mit der rechten Maustaste auf den Ordner**, wählen Sie *Einfügen*, und schließen Sie das Dialogfeld mit *Abbrechen*.
5. **Beenden Sie Excel** mit Klick auf die Schaltfläche *Schließen* [X] in der Anwendungstitelleiste.
6. **Starten Sie Excel** erneut, und schließen Sie die Mappe *Adressen.xls*.

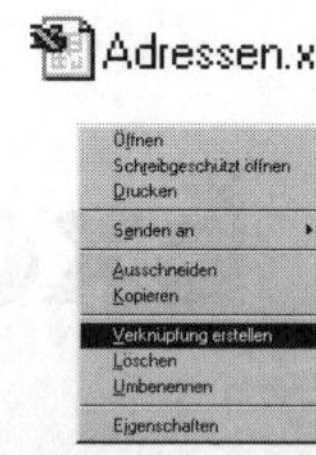

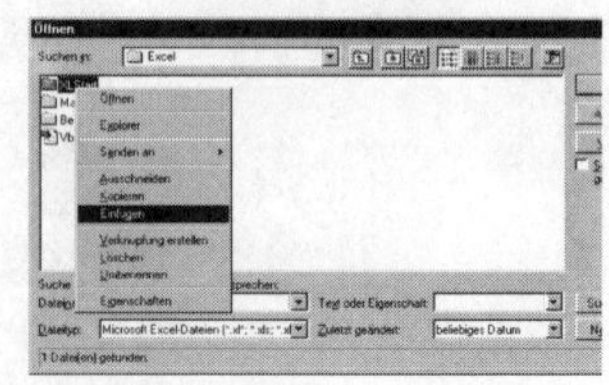

Eine Verknüpfung einfügen

Die Standardmappe ändern

1. Wählen Sie *Datei/Öffnen*, und öffnen Sie mit Doppelklick den Ordner *Vorlagen*.
2. Klicken Sie mit der **rechten** Maustaste auf den Eintrag *Bestellung.xlt*, und aktivieren Sie die Schaltfläche *Kopieren*. Öffnen Sie den Ordner *XLStart*.
3. Klicken Sie mit der **rechten Maustaste in die Dateiliste**, und wählen Sie *Einfügen*.
4. Klicken Sie mit der **rechten** Maustaste auf *Bestellung.xlt*, und wählen Sie *Umbenennen*.
5. **Überschreiben Sie den Dateinamen** mit „Mappe.xlt“, und bestätigen Sie mit [↵].
6. Klicken Sie mit der **rechten** Maustaste auf den Ordner *Verknüpfung mit Adressen.xls*, und wählen Sie den Eintrag *Löschen*.
7. **Bestätigen** Sie das **Verschieben in den Papierkorb** mit *Ja*.

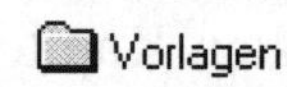

Der Ordner „Vorlagen“

Bestellung zur Standardmappe machen

Standardschrift für eine Mappe ändern

1. Schließen Sie das Dialogfeld mit *Abbrechen*. Beenden und **starten Sie Excel neu**.
2. Bestätigen Sie das Aktualisieren der Verknüpfungen mit *Ja*.
3. Wählen Sie *Format/Formatvorlage*, und aktivieren Sie in der Liste *Formatvorlagenname* den Eintrag *Standard*.
4. Aktivieren Sie die Schaltfläche *Ändern*, und wählen Sie auf der Registerkarte *Schrift* die Schrift *Times New Roman*.
5. Schließen Sie beide Dialogfelder mit *OK*, und **prüfen Sie den Eintrag in der Liste** *Schriftart* in der Symbolleiste *Format*.
6. **Speichern Sie die Mappe als Mustervorlage** unter dem Namen *Times New Roman.xlt*.
7. Schließen Sie die Mappe, wählen Sie *Datei/Öffnen*, und **löschen Sie die Mappe** *Mappe.xlt* aus dem Ordner *XlStart*. Schließen Sie das Dialogfeld mit *Abbrechen*.

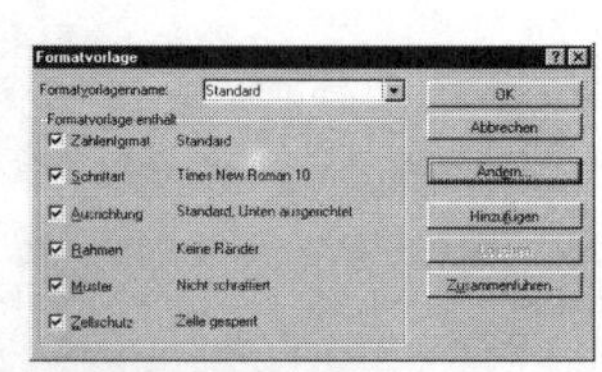

Standardformatvorlage ändern

Die neue Standardschrift in der Mappe

Alle Mappen, die im Ordner *XLStart* gespeichert sind, werden beim Excel-Start automatisch geöffnet. Durch das **Erstellen einer Verknüpfung** im Order *XLStart* **sparen Sie wertvollen Speicherplatz**, da eine Verknüpfung nur den Speicherort der Datei, nicht den Dateiinhalt selbst speichert.

Speichern Sie Verknüpfungen zu den Mappen des Projektes, das Sie gerade bearbeiten, im Verzeichnis *XLStart*, damit Sie Ihnen sofort zur Verfügung stehen, nachdem Sie Excel gestartet haben.

Wenn Sie **auch Excel automatisch starten wollen**, erstellen Sie mit dem ***Windows-Explorer*** eine**Verknüpfung** zur **Excel-Programmdatei** (*EXCEL.EXE*) und ziehen diese in den Ordner:

```
...Windows\Startmenü\Programme\Autostart
```

Im Dialogfeld *Optionen* auf der Registerkarte *Allgemein* können Sie im Feld *Zusätzlicher Startordner* einen **weiteren Ordner** angeben, dessen Inhalt beim Excel-Start automatisch geöffnet wird.

Wenn Excel eine Mappe mit dem Namen ***MAPPE.XLT* im Speicherordner *XLStart* findet**, wird diese Mappe zur **neuen Standardmustervorlage für neue Mappen**. Bei jedem Excel-Start oder Klick auf die Schaltfläche *Neue Arbeitsmappe* wird eine Kopie dieser Mappe erstellt.

Löschen oder verschieben Sie die Mustervorlage *MAPPE.XLT* aus dem Ordner *XLStart*, wenn Sie **grundsätzlich** zurück zur normalen Standardmappe wollen.

Sie können die **Kontextmenüs für Windows-Objekte** in den Dialogfeldern *Öffnen* und *Speichern* gut zur Bearbeitung von Dateien einsetzen und damit viele Dateiverwaltungsaufgaben in den Dialogfeldern erledigen, **ohne** daß Sie dazu den **Windows-Explorer starten müssen**. Achten Sie darauf, daß die Mappen, die Sie dort bearbeiten wollen, nicht geöffnet sind.

Wenn Sie mit Excel unter *MSOffice* arbeiten, finden Sie den Ordner *Vorlagen* im Speicherordner *MSOffice*, weil er von allen Office-Produkten benutzt wird. Wenn Sie Excel separat installiert haben, befinden sich die Vorlagen im Excel-Programmordner.

Die Formatvorlage *Standard* liefert die **Formatierungen für jeden neuen Zellinhalt**, dem Sie keine bestimmte Formatierung zuweisen. Sie können diese Formatvorlage verändern, um die **Formatierungseinstellungen als neuen Standard zu setzen**, den Sie **in einer bestimmten Mappe** benötigen. Ändern Sie die Formatvorlage in der Mustervorlage, um sie für alle neuen Mappen zu verändern.

Die Änderung der Formatvorlage wird nur für die aktuelle Mappe gültig, weil eine Formatvorlage innerhalb der Mappe unabhängig von den anderen Mappen gespeichert wird. Wenn Sie die Standardschrift grundsätzlich für alle neuen Mappen und Blätter ändern wollen, setzen Sie das Dialogfeld *Optionen* mit der Registerkarte *Allgemein* ein. Sie finden dort eine Liste für die Standardschriftart und Standardschriftgröße.

Sie werden im Laufe dieser Lektion noch häufiger Dateien auf Basis der Mustervorlage *Bestellung.xlt* erstellen. Falls Sie die **Abfrage der Aktualisierung bei jeder Erstellung unterdrücken wollen**, wählen Sie *Extras/Optionen* und schalten auf der Registerkarte *Bearbeiten* das Kontrollkästchen *Aktualisieren von automatischen Verknüpfungen bestätigen* aus.

Standardschrift für neue Mappen ändern

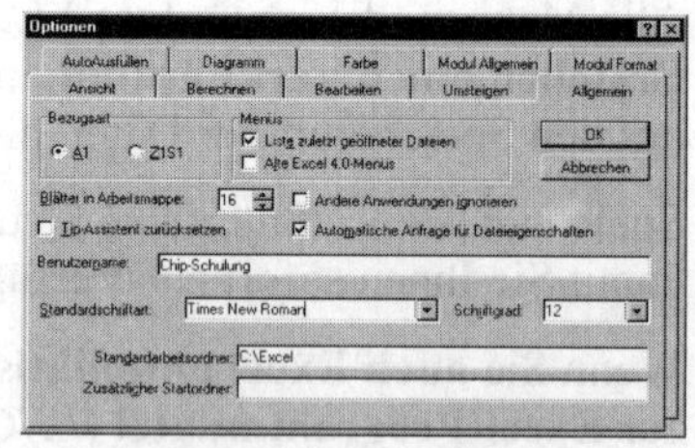

Die Standardschrift grundsätzlich ändern

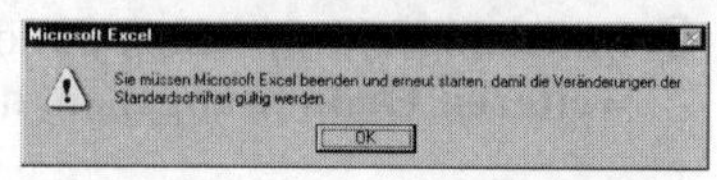

Damit die neue Schrift eingestellt wird, müssen Sie Excel neu starten

1. Erstellen Sie mit der Schaltfläche *Neue Arbeitsmappe* eine **neue Standardmappe.**
2. Wählen Sie *Extras/Optionen*, und blenden Sie die Registerkarte *Allgemein* ein.
3. Öffnen Sie die Liste *Standardschriftart*, und wählen Sie den Eintrag *Times New Roman.*
4. Erhöhen Sie den Wert in der Liste *Schriftgrad* auf „12".
5. Schließen Sie das Dialogfeld *Optionen* mit der Schaltfläche *OK.*
6. **Bestätigen Sie die Meldung** mit *OK.* **Beenden Sie Excel, und starten Sie es neu.**
7. Prüfen Sie in der Liste *Schriftart* am Anfang der Symbolleiste *Format* die angezeigte Schriftart.
8. Wählen Sie erneut *Extras/Optionen*, und stellen Sie die Standardschrift zurück auf *Arial* in der Schriftgröße „10".

Standardarbeitsordner ändern

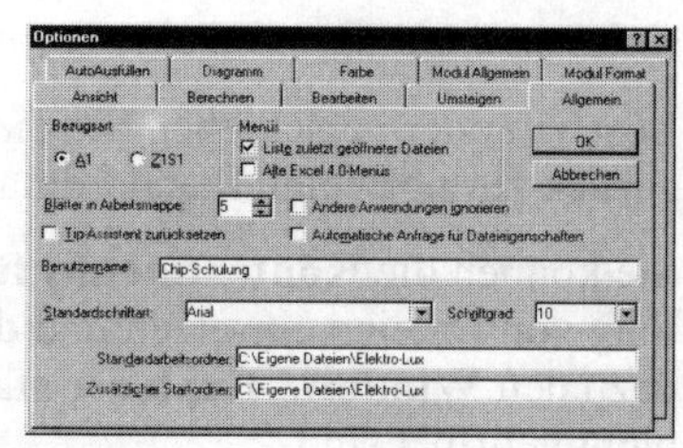

Blattanzahl und Speicherverzeichnis ändern

1. **Verringern** Sie den Wert im Feld *Blätter in der Arbeitsmappe* auf „5".
2. **Merken Sie sich den Eintrag im Feld** *Standardarbeitsordner.*
3. **Überschreiben Sie den Eintrag** im Feld *Standardarbeitsordner* mit dem **vollständigen Pfad** zum Ordner *Elektro-Lux.*
   Ist der Ordner z. B. direkt im Hauptverzeichnis auf der Festplatte gespeichert, geben Sie ein:
   `C:\Elektro-Lux`
4. Geben Sie in das Feld *Zusätzlicher Startordner* ebenfalls den Pfad zum Ordner *Elektro-Lux* ein.
5. Schließen Sie das Dialogfeld mit *OK*, und beenden Sie Excel.
6. **Starten Sie Excel neu.** Wählen Sie mit gedrückter Taste ⇧ *Datei/Alles schließen.*

Symbolleiste anpassen

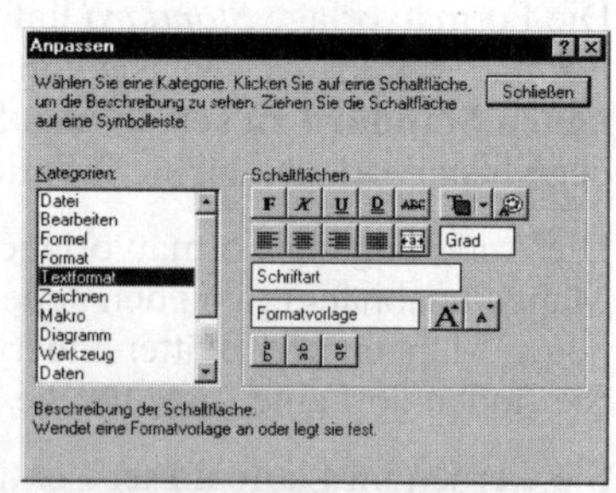

Neue Schaltflächen aufnehmen

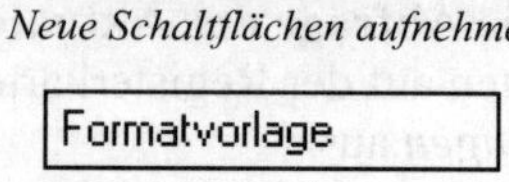

Die Liste „Formatvorlage"

1. Erstellen Sie mit der Schaltfläche *Neue Arbeitsmappe* eine **neue Standardmappe.**
2. Wählen Sie nacheinander *Datei/Öffnen* und *Datei/Speichern*, und **prüfen Sie die dort geöffneten Ordner.** Schließen Sie beide Dialogfelder mit *Abbrechen.*
3. Wählen Sie erneut *Extras/Optionen*, und löschen Sie den Eintrag im Feld *Zusätzlicher Startordner.*
4. Stellen Sie den Eintrag im Feld *Standardarbeitsordner* zurück auf den **ursprünglichen Eintrag.** Schließen Sie das Dialogfeld mit *OK.*
5. Wählen Sie *Ansicht/Symbolleisten*, und aktivieren Sie *Anpassen.*
6. **Ziehen Sie die Schaltflächen** *Farben-Palette* und *Schriftfarbe-Palette* **aus der Symbolleiste** *Format.*
7. Markieren Sie in der Liste *Kategorien* den Eintrag *Textformat*, und **ziehen Sie das Feld** *Formatvorlage* **neben die Liste** *Schriftart.*

Sie müssen **Excel neu starten**, damit die **Veränderungen wirksam werden**. Das gilt sowohl für die Änderung der **Standardschrift** als auch für die Veränderung des **Standardordners** oder des zusätzlichen **Startordners** auf der Registerkarte *Allgemein*, die Sie im nächsten Schritt vornehmen.

Andere Änderungen in diesem Dialogfeld, wie z. B. das Ausschalten des Kontrollkästchens *Liste zuletzt geöffneter Dateien*, mit dem Sie die Anzeige der vier zuletzt bearbeiteten Arbeitsmappen anzeigen oder unterdrücken können, werden sofort wirksam, nachdem Sie das Dialogfeld mit *OK* wieder geschlossen haben.

Auf der Registerkarte *Allgemein* finden Sie auch das Kontrollkästchen *Automatische Anfrage für Dateieigenschaften*, mit dem Sie die vielleicht lästige **Abfrage der Dateieigenschaften beim ersten Speichern einer Datei ausschalten** können.

Als ***Startordner*** werden in Excel die **Ordner** bezeichnet, deren Mappen **bei jedem Excel-Start automatisch geöffnet werden**. Der **Standardstartordner** ist *XLStart*. Der Ordner, den Sie im Feld *Zusätzlicher Startordner* angeben, wird bei jedem neuen Excel-Start automatisch durchsucht. Alle dort enthaltenen Mappen werden dann ebenfalls, zusätzlich zu denen aus *XLStart*, geöffnet.

Der **Standardarbeitsordner** legt den **aktuellen Ordner** fest. Der im Feld *Standardarbeitsordner* eingegebene Ordner wird bei jedem Excel-Start als Ordern für das Speichern neuer Mappen eingestellt. Auch wenn Sie das Dialogfeld *Öffnen* aktivieren, wird dieser Ordner standardmäßig geöffnet.

Jede neue Standardmappe enthält standardmäßig 16 Blätter. Falls Sie mehr oder weniger Blätter in den Mappen benötigen, können Sie die Anzahl reduzieren oder erhöhen. Sie müssen die Blätter dann nicht in jeder neuen Mappe einzelnen entfernen oder hinzufügen.

Wenn Sie, z. B. wegen mangelnder Bildschirmauflösung, Probleme haben, noch weitere Schaltflächen in Symbolleisten aufzunehmen, können Sie entweder, wie hier beschrieben, **nicht benötigte Schaltflächen entfernen** oder **eine neue Symbolleiste erstellen**, die Sie zusätzlich zu den Excel-Standardsymbolleisten anzeigen können.

Es lohnt sich, die verschiedenen Kategorien im Dialogfeld *Anpassen* einmal zu durchforsten. Sie werden viele Schaltflächen finden, die nicht in den Symbolleisten enthalten sind, die Ihnen aber vielleicht bei Ihrer Arbeit den einfachen Zugriff auf einen besonders häufig eingesetzten Befehl gestatten. Sie können die Befehle, die einer markierten Schaltfläche zugeordnet sind, jeweils im unteren Dialogfeldbereich ablesen.

Der Schaltflächen-Editor

1. Ziehen Sie zusätzlich die Schaltfläche *Doppelte Unterstreichung* neben die Schaltfläche *Unterstreichen* in der Symbolleiste *Format.*
2. Klicken Sie mit der **rechten** Maustaste auf die Schaltfläche *Neue Arbeitsmappe* .
3. Wählen Sie **aus dem Kontextmenü** den Eintrag *Schaltflächensymbol bearbeiten.*
4. **Klicken Sie auf die einzelnen Bildpunkte**, um das **rechts abgebildete** „B" in das Blatt einzufügen.
5. Schließen Sie den Schaltflächen-Editor mit *OK*.
6. Verlassen Sie das Dialogfeld *Anpassen* mit der Schaltfläche *Schließen.*

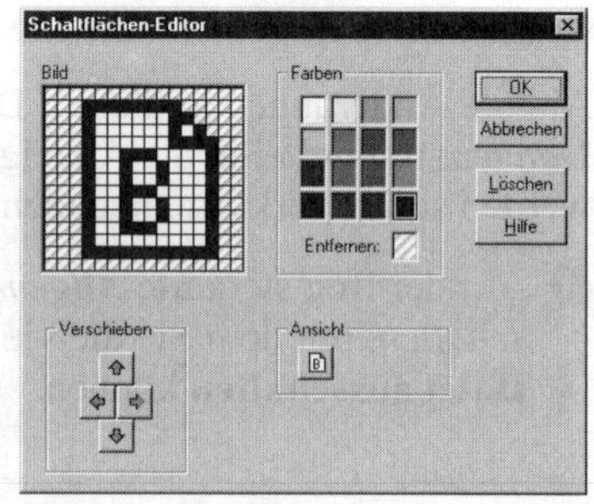

Eine eigene Schaltfläche entwerfen

Schaltflächenbelegung ändern

1. Wählen Sie *Extras/Makro aufzeichnen/Aufzeichnen*, und aktivieren Sie die Schaltfläche *Optionen.* Markieren Sie unter *Speichern in* die Schaltfläche *Persönlicher Makro-Arbeitsmappe.*
2. Geben Sie bei *Makroname* „Bestellformular" ein, und bestätigen Sie mit *OK.*
3. Wählen Sie *Datei/Neu*, markieren Sie den Eintrag *Bestellung*, und bestätigen Sie mit *OK.*
4. Bestätigen Sie das Aktualisieren mit *Ja*, und **klicken Sie in der kleinen Symbolleiste** auf die Schaltfläche *Makro-Aufzeichnung beenden* .
5. Wählen Sie *Ansicht/Symbolleisten*, und aktivieren Sie *Anpassen.*
6. Klicken Sie in der Symbolleiste *Standard* mit der **rechten Maustaste auf die mit dem Schaltflächen-Editor bearbeitete Schaltfläche** .
7. Wählen Sie den Eintrag *Zuweisen*, markieren Sie den Eintrag *PESONL.XLS!Bestellformular*, und aktivieren Sie *OK.*

Makro-Aufzeichnung beenden

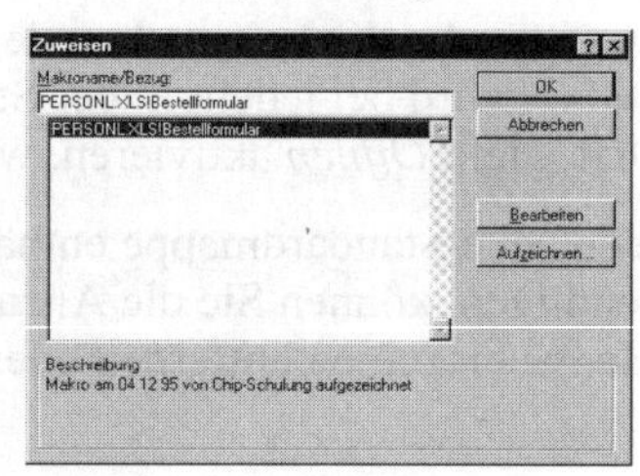

Makro mit Standardschaltfläche verknüpfen

Eigene Symbolleiste entwickeln

1. Verlassen Sie das Dialogfeld *Anpassen* mit *Schließen*, und **schließen Sie die beiden geöffneten Mappen**, ohne sie zu speichern.
2. **Klicken Sie auf die bearbeitete Schaltfläche** *Neue Arbeitsmappe* , um sie zu **testen.**
3. Wählen Sie *Ansicht/Symbolleisten*, und geben Sie in das Feld *Name der Symbolleiste* ein:

```
Zellbearbeitung
```

4. Aktivieren Sie die Schaltfläche *Neu.*
5. Markieren Sie in der Liste *Kategorien* den Eintrag *Bearbeiten*, und **ziehen Sie die rechts abgebildeten Schaltflächen in die neue Symbolleiste.**
6. Verlassen Sie das Dialogfeld *Anpassen* mit der Schaltfläche *Schließen.*

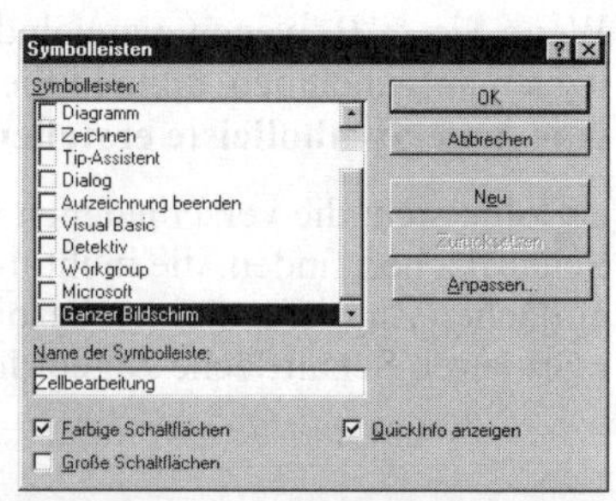

Eine neue Symbolleiste

Die geänderten Symbolleisten:

Der **Schaltflächen-Editor** ist einfach zu **bedienen**. Klicken Sie auf die gewünschte **Farbe** und dann auf den **Bildpunkt**, den Sie gestalten wollen. Wenn Sie **doppelklicken**, erhält der Bildpunkt die **Hintergrundschraffur**.

Mit den **Pfeilschaltflächen** können Sie andere Stellen der Schaltfläche anzeigen. Wollen Sie das Symbol auf der Schaltfläche ganz löschen, aktivieren Sie die Schaltfläche *Löschen*. Im Feld *Ansicht* können Sie die Schaltfläche in Normalgröße prüfen.

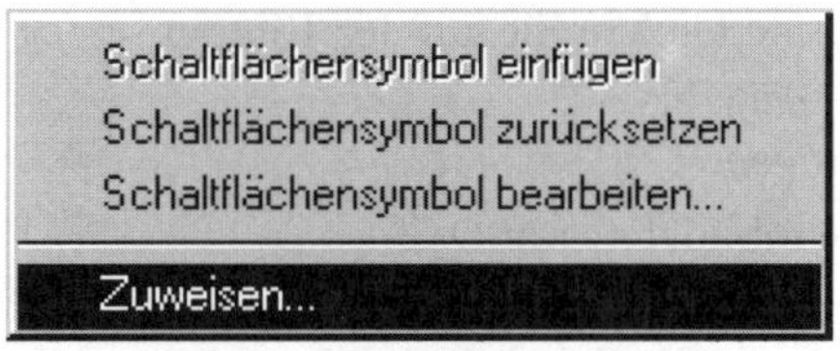

Außer zum **Bearbeiten von Schaltflächen** und zum **Zuweisen von Makros** zu Schaltflächen können Sie das **Kontextmenü für Schaltflächen** auch einsetzen, um **Schaltflächensymbole zu kopieren** und auf andere **Schaltflächen zu übertragen**.

Klicken Sie bei geöffnetem Dialogfeld *Anpassen* zuerst mit der **rechten** Maustaste auf die Schaltfläche, deren Symbol Sie kopieren wollen, und wählen Sie *Schaltflächensymbol kopieren*. Dann fügen Sie die benutzerdefinierte Schaltfläche ein oder wählen die Standardschaltfläche, in die Sie das kopierte Symbol einfügen wollen. Klicken Sie mit der **rechten** Maustaste auf diese Schaltfläche, und wählen Sie *Schaltflächensymbol einfügen*.

Die Schaltfläche *Neu* bleibt **abgeblendet**, solange Sie **keinen Namen für die neue Symbolleiste** in das Feld *Name der Symbolleiste* geschrieben haben. Sie können eine **neue Symbolleiste auch schneller erstellen**: Ziehen Sie eine Schaltfläche aus dem Dialogfeld *Anpassen* außerhalb jeder Symbolleiste. Excel erstellt dann automatisch eine neue Symbolleiste und benennt diese mit dem **Standardnamen** *Symbolleiste*, gefolgt von einer laufenden Nummer. Sie finden später die neue Symbolleiste **am Ende der Liste** *Symbolleisten* im Dialogfeld *Symbolleisten*.

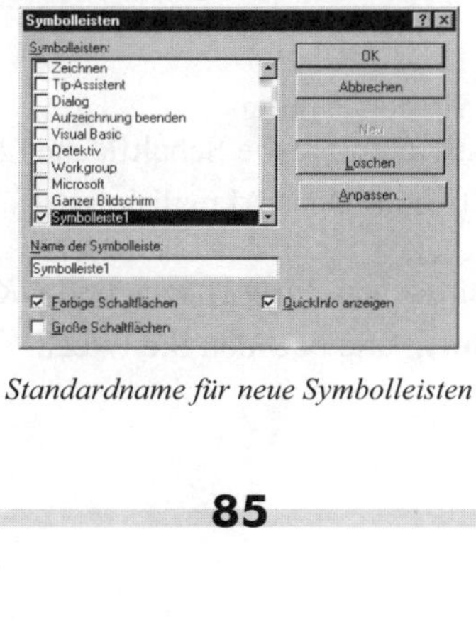

Standardname für neue Symbolleisten

Symbolleisten testen und ausblenden

1. Klicken Sie auf die Zelle E2, und aktivieren Sie die Schaltfläche *Doppelt unterstrichen* .
2. Klicken Sie auf die Zelle A14, und aktivieren Sie die Schaltfläche *Zellen löschen* .
3. **Betätigen Sie anschließend die Schaltfläche** *Rückgängig* .
4. Klicken Sie auf die Zelle A18, und aktivieren Sie die Schaltfläche *Zeilen einfügen* .
5. Klicken Sie auf die Zelle A1, und aktivieren Sie die Schaltfläche *Spalten einfügen* .
6. Klicken Sie mit der **rechten Maustaste auf die Symbolleiste** *Zellbearbeitung.*
7. Schalten Sie **im Kontextmenü für Symbolleisten** den Eintrag für die Symbolleiste *Zellbearbeitung* aus.

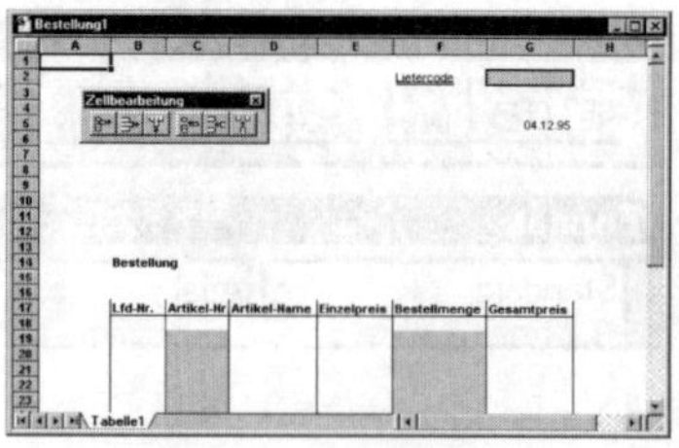

Das leicht veränderte Bestellformular

Symbolleisten löschen und zurücksetzen

1. Wählen Sie *Ansicht/Symbolleisten*, und klicken Sie auf den Eintrag *Zellbearbeitung* am Ende der Liste *Symbolleisten.*
2. Aktivieren Sie die Schaltfläche *Löschen.*
3. **Bestätigen Sie das Löschen der Symbolleiste** mit *OK.*
4. Bewegen Sie die Markierung **mit den Cursorsteuertasten** nach oben auf den Eintrag *Standard*, und aktivieren Sie die Schaltfläche *Zurücksetzen.*
5. Markieren Sie ebenfalls **mit dem Cursor** die Symbolleiste *Format*, und aktivieren Sie nochmals die Schaltfläche *Zurücksetzen.*
6. **Schalten Sie das Kontrollkästchen** *Visual Basic* **ein**, und schließen Sie das Dialogfeld *Symbolleisten* mit *OK.*

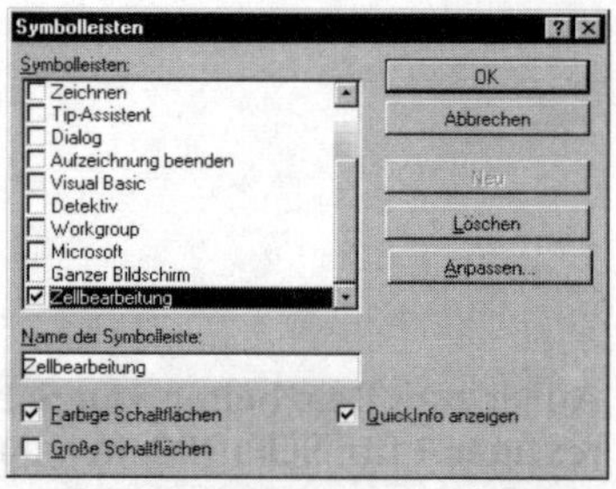

Die eigene Symbolleiste

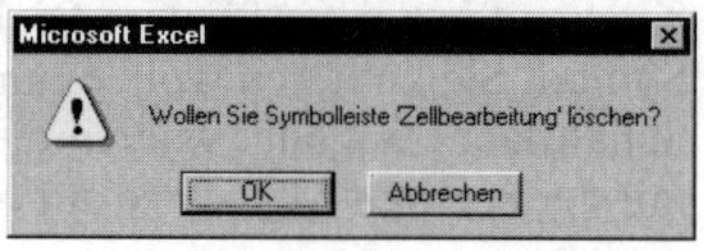

Das Löschen bestätigen

Menü im Menü-Editor verändern

1. Aktivieren Sie die Schaltfläche *Menü-Editor* . Lassen Sie den Eintrag *Tabelle* in der Liste *Menüleisten* **unverändert**.
2. Klicken Sie im Listenfeld *Menüs* auf den Eintrag *&Datei*. **Gehen Sie mit der Bildlaufleiste an das Ende der Liste** *Menüelemente*, und markieren Sie den Eintrag *(Ende des Menüs).*
3. Aktivieren Sie die Schaltfläche *Einfügen*, und geben Sie bei *Titel* ein:

   ```
   Bestellung
   ```

4. Öffnen Sie die Liste *Makro*, markieren Sie den Eintrag *PERSONL.XLS!Bestellformular*, und aktivieren Sie die Schaltfläche *OK.*
5. Wählen Sie *Datei/Bestellung*, und bestätigen Sie das Aktualisieren. **Aktivieren Sie den** *Menü-Editor* . Klicken Sie in der Liste *Menüs* auf *&Datei*, und aktivieren Sie die Schaltflächen *Zurücksetzen* und *OK.*
6. **Schließen Sie die geöffneten Testmappen**, und beenden Sie Excel.

Menü-Editor

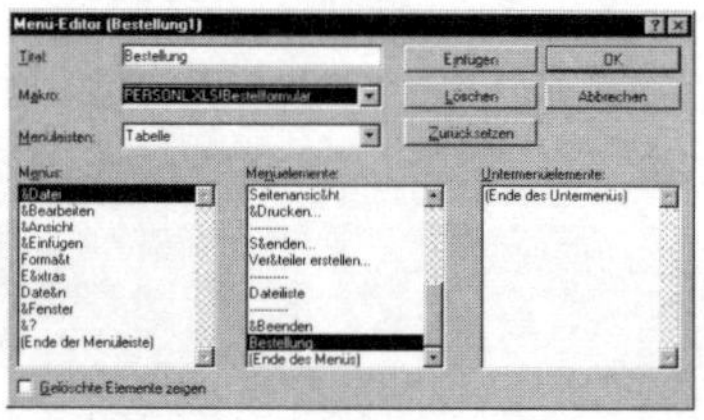

Das Dialogfeld „Menü-Editor“

Vorsicht mit den Schaltflächen *Zellen löschen* und *Zellen einfügen*. Anders als bei den Befehlen *Bearbeiten/Zellen löschen* und *Bearbeiten/Zellen einfügen* wird hier sofort gelöscht, ohne daß nachgefragt wird. Das **Löschen von Zellen** innerhalb einer Tabelle **verändert** aber die **Anordnung** der anderen Zellen.

Benutzerdefinierte Symbolleisten tauchen wie die Standardsymbolleisten im **Kontextmenü für Symbolleisten** auf und können zusätzlich im Dialogfeld *Symbolleisten* an- bzw. ausgeschaltet, bearbeitet oder gelöscht werden.

Das Kontextmenü für Symbolleisten

Sie bewegen die Markierung **mit den Cursortasten auf eine Symbolleiste** und klicken nicht darauf, weil Sie sonst das Kontrollkästchen für diese Symbolleiste umschalten bzw. ausschalten würden.

Beim **Zurücksetzen einer Symbolleiste entfernen** Sie alle **zusätzlichen Schaltflächen**, die nicht zur Standardbelegung der Symbolleiste gehören, und **setzen** zugleich alle mit dem **Schaltflächen-Editor veränderten Schaltflächen auf die normalen Symbole zurück**.

Wollen Sie nur eine einzelne Schaltfläche zurücksetzen und nicht die ganze Symbolleiste, wählen Sie *Ansicht/ Symbolleisten* und aktivieren die Schaltfläche *Anpassen*. Klicken Sie mit der **rechten** Maustaste auf die veränderte Schaltfläche, und wählen Sie *Schaltflächensymbol zurücksetzen*.

Den **Menü-Editor setzen Sie ein**, um die **Standardmenüs** zu verändern, um z. B. **Befehle** aus Menüs zu **entfernen**, die bestimmte Anwender nicht benutzen sollen. Sie können ihn auch einsetzen, um die selbsterstellten **Makros in andere Menüs** als in das Menü *Extras* **aufzunehmen**.

Excel bietet **verschiedene Menüeinträge an**, je nachdem, ob Sie eine **Mappe geöffnet** haben oder nicht und welche **Art von Blatt Sie bearbeiten**. Außerdem können Sie über die **rechte** Maustaste **situationsabhängige Kontextmenüs** aktivieren. In der Liste *Menüleiste* finden Sie alle möglichen Menüleisten.

Wenn Sie ein **Kontextmenü ändern** wollen, wählen Sie einen der folgenden Einträge:

- *Kontextmenüs 1*, Standard-Kontextmenüs für Zellen, Symbolleisten u. a. Bildschirmelemente
- *Kontextmenüs 2*, Kontextmenüs für Zeichnungsobjekte und Dialogblätter
- *Kontextmenüs 3*, Kontextmenüs für Diagrammblätter

Notizen

CHIP-Schulung von bhv

Excel für Windows 95

Glossar

Ein einfaches Anführungszeichen kennzeichnet einen Kommentar. Jeder Text, der dem Zeichen ' folgt, wird bei der Ausführung einer Prozedur ignoriert.

Add-In
Add-Ins sind Zusatzfunktionen, die Sie über den Add-In-Manager aktivieren können. Sie werden nicht alle bei der Standardinstallation mitinstalliert. Benutzen Sie das Excel- oder Office-Setup, um Add-Ins zu installieren, und den Add-In-Manager, um sie zu verwalten.

Argument
Ein Argument ist ein Wert, eine Zeichenkette oder ein Ausdruck, der an eine Funktion in Klammern übergeben wird. Argumente geben an, was die Funktion wie bearbeiten soll. Die Syntax legt fest, in welcher Reihenfolge die Argumente übergeben werden. Werden benannte Argumente verwendet, spielt die Reihenfolge keine Rolle.

Array
Unter einem Array versteht man einen rechteckigen Bereich der Excel-Tabelle. Viele Funktionen, wie z. B. die TREND-Funktion oder die Mehrfachoperation, beziehen sich auf Arrays, und Array-Formeln können auch direkt erzeugt werden. Ein Beispiel: Wenn Sie das Produkt aus zwei Zellen bilden und anschließend die Summe aller Produkte ermitteln müssen, können Sie das auch in einer einzigen Formel tun, die Sie aber mit [Strg]+[⇧]+[↵] abschließen müssen, damit Excel den Array erkennt:

```
=SUMME(A1:A2*B1:B2)
```

AutoGliederung
Eine Funktion, mit der Sie eine Tabelle automatisch gliedern können. Die Funktion können Sie über den Befehl *Daten/Gliederung/AutoGliederung* aktivieren und deaktivieren. Sie erkennt an den Formeln, die bestimmte Zellen zusammenfassen, die einzelnen Hierarchiestufen der Gliederung.

Bedingung
Mit einer Bedingung formulieren Sie einen Ausdruck. Voraussetzung für das Ausführen der Anweisungen, die dieser Bedingung zugeordnet sind, ist, daß der Ausdruck WAHR ist. Wenn der Ausdruck nicht WAHR ist, werden die Anweisungen entweder übersprungen, oder es werden Alternativanweisungen ausgeführt. Eine Bedingung definieren Sie in Excel mit der Funktion WENN().

Bericht-Manager
Die Excel-Funktion, mit der Berichte erstellt, bearbeitet und gedruckt werden können. Berichte können Tabellenblätter, Szenarios und Ansichten enthalten. Der Bericht-Manager ist ein Add-In, das bei der Standardinstallation nicht mitinstalliert wird.

Bezug
Unter einem Bezug versteht man eine Zelladresse oder einen Zellbereich in der Tabelle. Die Formel =WURZEL(C5) „bezieht" sich auf die Zelle C5, verwendet diese also als Bezug. Ein externer Bezug besteht dann, wenn Sie Zellen oder Bereiche verknüpft haben, und immer wird zwischen absoluten und relativen Bezügen unterschieden:

`=BÜRO.XLS!D3` oder in absoluter Schreibweise: `=BÜRO.XLS!$D$3`

Absolut bedeutet, daß die Zelle oder der Bereich selbst gemeint ist, während der relative Bezug nur den Weg zu dieser Zelle festhält. Die Absolut-Schreibweise verwendet man, damit sich Zellbezüge beim Kopieren nicht verändern.

Datenbank
Jede Excel-Tabelle kann einen zusammenhängenden Bereich als Liste, auch Datenbank genannt, führen. Die Liste/ Datenbank wird mit der Datenmaske bearbeitet und über Datenbankfunktionen ausgewertet. Datenbanken müssen in der ersten Zeile eine Beschreibung der jeweiligen Spalte (Feldnamen) enthalten; die Zeilen einer Datenbank nennt man Datensätze.

Fehlerwerte
Ein Wert, den Excel in einer Zelle ausgibt, wenn die dort enthaltene Formel keine korrektes Ergebnis liefern kann, weil die Formel entweder einen logischen Fehler enthält oder die Bezüge auf Zellen mit dem falschen Datentyp bzw. auf leere Zellen hinweisen. Ein Fehlerwert beginnt in Excel immer mit dem Zeichen „#". Beispiele für Fehlerwerte sind:

`#NV, #Wert, #Name?`

Sie können Excel-Funktionen einsetzen, um Fehlerwerte zu unterdrücken, die auf Basis von fehlenden Daten erzeugt werden. Es lassen sich ebenfalls Excel-Funktionen dazu einsetzen, für den Anwender hilfreiche Informationen anzuzeigen, wenn Fehlerwerte aufgrund falscher Anwendereingaben, z. B. in einem Formular, erzeugt werden. Sie finden solche Funktionen in den Funktions-Kategorien *Logik* und *Information*.

Formatvorlage
Eine Formatvorlage ist eine Liste von Formatierungen (Schrift, Zahlenformat, Rahmen, Muster), die geschlossen an einen markierten Bereich übergeben wird. Um eine Formatvorlage anzulegen oder abzuändern, wählen Sie *Format/ Formatvorlage.* Zugewiesen wird eine Formatvorlage am schnellsten über die Liste *Formatvorlage*, die Sie mit *Ansicht/Symbolleisten/Anpassen* in der Kategorie *Textformat* finden und mit der Maus in eine Symbolleiste ziehen können.

Funktion
Eine Funktion ist ein fertiger Ausdruck, mit dem numerische Werte berechnet, Zeichenketten manipuliert oder Zustände von Zellinhalten überprüft werden können.

Gliederung
Excel-Tabellen können in mehrere Ebenen untergliedert werden. Dazu wird der Bereich für die nächste Ebene markiert und mit der Schaltfläche ➔ gruppiert. Gliederungssymbole am linken bzw. oberen Rand zeigen die Ebenennummern und die Ebenen selbst an. Um eine gegliederte Zeile oder Spalte zu entfernen, markieren Sie diese und klicken auf die Schaltfläche ←, um die Gruppierung aufzuheben.

Gruppe
Machen Sie mehrere aktive Tabellenblätter durch Anklicken des Registers, bei gedrückter Taste [Strg], zur Gruppe, um Eingaben und Formatierungen in einer der Tabellen auf alle anderen Mitglieder wirksam werden zu lassen. Mit der Aktivierung einer anderen Tabelle oder dem Befehl *Gruppierung aufheben* aus dem Kontextmenü wird die Gruppe automatisch wieder aufgelöst.

Kommentar
Einen Kommentar fügen Sie in einen Makrocode ein, um eine bestimmte Stelle zu erläutern. Ein Kommentar beginnt mit einem einfachen Anführungszeichen, z. B. *'Kommentartext*, und reicht immer bis zum Zeilenende.

Konsolidieren
Diese Technik verwenden Sie, um Werte oder Ergebnisse aus mehreren Tabellen in eine Tabelle zu übertragen und diese mittels einer Funktion zu berechnen. Die gebräuchlichste Funktion dafür ist die Summe. Konsolidierte Daten können aber auch multipliziert (Funktion *Produkt*) und statistisch ausgewertet werden (Mittelwert, Standardabweichung u. a.). Markieren Sie den Zielbereich, und tragen Sie in das mit *Daten/Konsolidieren* geöffnete Dialogfeld die zu kumulierenden Bezüge ein.

Kontextmenü
Das Menü, das in der Nähe des Mauszeigers eingeblendet wird, wenn Sie die **rechte** Maustaste drücken. Excel hat mehrere Kontextmenüs: Klicken Sie auf eine der Symbolleisten, erscheint das Kontextmenü für Symbolleisten, das neben den verfügbaren Leisten auch zwei Optionen zur Verwaltung dieser Leisten und der Symbole darin anbietet. Ein Klick auf den Tabellenbereich präsentiert eine Zusammenfassung von Optionen aus dem *Bearbeiten*- und aus dem *Format*-Menü, und im Diagramm orientiert sich der Inhalt des Kontextmenüs an dem gerade aktiven Element.

Kopfzeile/Fußzeile
Ein jeweils dreigeteilter Bereich über bzw. unter der Randlinie, der über *Seite einrichten* im *Datei*-Menü verwaltet wird. Kopf- und Fußzeilen enthalten laufende Informationen, wie die Seitennummer oder Codes für den Dateinamen, und allgemeine Informationen zum Ausdruck. Die Kopf- und Fußzeilen sind nur in der Seitenansicht und auf dem Ausdruck zu sehen, nicht im Tabellenblatt.

Kriterienbereich
So heißt der Bereich in der Tabelle, der die Kriterien für die *Spezialfilter* einer Liste/Datenbank enthält. *Kriterienbereich* definiert den markierten oder angegebenen Bereich. Die Datenbankfunktionen verwenden diesen Bereich ebenfalls, können aber auch einen anderen Bereichsbezug enthalten. Suchkriterien sind logische Bedingungen, die sich auf einen Feldnamen der Datenbank beziehen.

Makro
Eine mit dem Makrorekorder aufgezeichnete oder in ein Modulblatt geschriebene Folge von Befehlen, der ein Name und optional eine Schaltfläche sowie ein Tastenschlüssel zugeordnet sind.
Bei Aktivierung von Schaltfläche/Tastenschlüssel oder bei Eingabe des Namens wird die Befehlsfolge ausgeführt. Der Begriff Makro wird in Excel synonym zu dem Begriff Prozedur verwendet.

Makrorekorder
Der Makrorekorder ist das Instrument in Excel, mit dem Sie Tastatur- und Mauseingaben aufzeichnen können. Der Makrorekorder wird mit dem Befehl *Extras/Makro aufzeichnen/Aufzeichnen* angeschaltet und mit dem Befehl *Extras/Makro aufzeichnen/Aufzeichnung beenden* abgeschaltet. Die aufgezeichneten Befehle werden in einem sogenannten Modulblatt festgehalten.

Mehrfachoperation
Die Berechnung einer Formel unter Verwendung mehrerer Alternativwerte. Um eine Mehrfachoperation anzulegen, markieren Sie einen rechteckigen Bereich mit der Formel sowie den Ersatzwerten am Rand und wählen *Daten/Mehrfachoperation*. Geben Sie die Zelle in der Tabelle an, für die die Ersatzwerte vorgesehen sind, und Excel trägt die ermittelten Werte in die Schnittpunkte von Formel und Ersatzwert ein.

Menü-Editor
Ein Dialogfeld, das Sie über die gleichnamige Schaltfläche in der Symbolleiste *Visual Basic* aufrufen können. Sie können es einsetzen, um Standardmenüs zu verändern und Befehle für Makros in andere Menüs als das Menü *Extras* aufzunehmen.

Modul
Ein Modul oder Modulblatt ist das Blatt in einer Arbeitsmappe, das den Quellcode, also die Befehlszeilen eines oder mehrerer Makros, speichert.

MS-Query
Ein Zusatzprogramm, das SQL-Abfragen auf Fremddateien produziert. Mit MS-Query können u. a. dBASE-Dateien an Excel-Tabellen übergeben werden.

Namen
Zellen, Zeilen, Spalten oder einzelne Zellbereiche können mit Namen versehen werden, damit Formeln, die diese Bereiche verwenden, übersichtlich bleiben. Wenn Sie beispielsweise im Bereich C10:C20 alle Filialumsätze stehen haben, dann markieren Sie diese Zellen und weisen ihnen über *Einfügen/Namen/Festlegen* den Namen zu.

Operator
Als Operatoren werden die Rechenzeichen, logischen Begriffe und Symbole bezeichnet, mit denen ein Ausdruck berechnet oder auf seinen Wahrheitswert geprüft wird. In Excel gibt es:

- arithmetische Operatoren: +, -, /, *, ^, \
- Verkettungsoperatoren: &
- Logische Operatoren: Und, Nicht, Oder
- Vergleichsoperatoren: =, >, <, >=, <=, <>

Persönliche Makro-Arbeitsmappe (Personl.xls)
Eine Makro wird immer in einer Mappe gespeichert und steht Ihnen auch nur in dieser Mappe zur Verfügung. Soll Ihnen ein Makro in allen Mappen zur Verfügung stehen, speichern Sie ihn in der Mappe *Personl.xls*. Diese Mappe wird automatisch im Startverzeichnis *XLStart* gespeichert und bei jedem Excelstart geöffnet und ausgeblendet. Sie können vor der Makroaufzeichnung im durch die Schaltfläche *Optionen* erweiterten Dialogfeld festlegen, daß die Mappe in der persönlichen Makromappe gespeichert werden soll.

Pivot-Tabelle
Über die Pivot-Tabelle bietet Excel die Möglichkeit, die Zeilen und Spalten eine Liste/Datenbank alternativ anzuordnen und mit zusätzlichen Funktionen auszuwerten. Eine Pivot-Tabelle kann Daten in mehr als zwei Dimensionen (Spalte/Zeile) zusammenfassen, indem eine zusätzliche Kategorie *Seite* angeboten wird. Durch Ziehen der Pivot-Tabellenfelder können Sie die Daten sehr schnell in einer anderen Weise zusammenfassen.

Prozedur
Eine Prozedur ist eine abgeschlossene Programmeinheit, die von den Schlüsselwörtern *Sub* und *Ende Sub* eingeklammert wird. Eine Prozedur wird auch als Makro bezeichnet. In einem Modulblatt können Sie mehrere Prozeduren erstellen.

Quellcode
Als Quellcode oder Makrocode bezeichnet man die Programmzeilen einer Makroprozedur.

Relative Aufzeichnung
Wenn Sie einen Makro aufzeichnen, können Sie wählen zwischen der absoluten und der relativen Aufzeichnung. Bei der absoluten Aufzeichnung merkt sich Excel, ähnlich wie beim absoluten Bezug in einer Formel, die absolute Position der Ausgangszelle und aller anderen Zellen. Alle Makrobefehle werden bei späteren Makroausführungen immer auf exakt die gleichen Zellen angewendet. Bei der relativen Aufzeichnung merkt sich Excel wie bei einem relativen Zellbezug nur die Position der bearbeiteten Zellen im Bezug zur Ausgangszelle. Alle Befehle werden relativ zu der Zelle angewendet, von der aus Sie den Makro starten. Sie können mit dem Befehl *Extras/Makro aufzeichnen/Relative Aufzeichnung* zwischen absoluter und relativer Aufzeichnung wechseln.

Schachteln von Funktionen
Als geschachtelte Funktionen werden Funktionen bezeichnet, bei denen mindestens ein Argument aus einer weiteren Funktion besteht. Damit Sie geschachtelte Funktionen erstellen können, enthält das Dialogfeld *Funktions-Assistent* vor jedem Argument wieder eine Schaltfläche, mit der Sie eine weitere Funktion auswählen können. Es gilt eine einfache Grundregel bei der Erstellung von geschachtelten Funktionen: Jede öffnende Klammer benötigt eine schließende Funktionsklammer!

Schaltflächen-Editor
Ein Dialogfeld, in dem Sie die Schaltflächen der Symbolleisten bearbeiten oder die darauf enthaltenen Symbole löschen und durch eigene Symbole ersetzen können. Sie öffnen das Dialogfeld über *Ansicht/Symbolleisten* und die Aktivierung der Schaltfläche *Anpassen.* Klicken Sie dann mit der **rechten** Maustaste auf die Schaltfläche, die Sie bearbeiten wollen, und wählen Sie den Eintrag *Schaltflächensymbol bearbeiten.*

Schlüsselwort
Als Schlüsselwort wird ein reservierter Begriff in der Sprache *Visual Basic* bezeichnet. Schlüsselwörter sind z. B. *Sub* oder *End*, die eine Makroprozedur einschließen.

Schreibschutz
Ein Schutz, der verhindert, daß der Inhalt eine Mappe überschrieben wird. Eine Mappe, der Sie einen Schreibschutz zugewiesen haben, kann unter dem Originalnamen nur noch von dem Anwender gespeichert werden, der in Besitz des Schreibschutzkennwortes ist.

Schreibschutzempfehlung
Im Gegensatz zum Schreibschutz kann eine Schreibschutzempfehlung von jedem Anwender ausgeschaltet werden. Beim Öffnen einer Mappe, der Sie eine Schreibschutzempfehlung zugewiesen haben, wird jedesmal gefragt, ob die Mappe schreibgeschützt oder ungeschützt bearbeitet werden soll.

Seite
In der Pivot-Tabelle wird die dritte Dimension, mit der die Daten einer Kategorie zusammengefaßt werden, als Seite bezeichnet. Ein Seitenfeld enthält eine Liste aller Seiten. Sie können daraus eine bestimmte Seite wählen, um die Daten dieser Kategorie anzuzeigen.

Shortcut
Ein Shortcut ist eine Tastenkombination aus `Strg` und einer weiteren Taste, die einem Makro zugeordnet wird, damit er schneller ausgeführt werden kann. Wenn die Tastenkombination gedrückt wird, wird der Makro ausgeführt. Sie können einen Shortcut vor oder nach der Makroerstellung zuordnen, indem Sie im Dialogfeld *Makro* die Schaltfläche *Optionen* aktivieren, auf das Kontrollkästchen *Shortcut* klicken und im Feld *Strg+* eine Taste drücken.

Solver
Ein Zusatzprogramm zu Excel, das, ähnlich wie die Zielwertsuche, aus vordefinierten Zielwerten einen oder mehrere Werte zurückrechnet, um zu einem Ausgangswert zu kommen. Im Solver können dafür auch Nebenbedingungen formuliert werden, die bei der Berechnung des Zielwertes zu berücksichtigen sind. Starten Sie den Solver über das *Extras*-Menü. Sollte er nicht installiert sein, läßt er sich auch als Datei *SOLVER.XLA* unter EXCEL\MAKRO\SOLVER aktivieren und mit dem Add-In-Manager und dem Kontrollkästchen *Solver* installieren.

Spezialfilter
Ein Filter, mit dem Sie mehr als zwei Filterkriterien verknüpfen können und mit dem sich die gefilterten Datensätze gleichzeitig filtern und an eine andere Position kopieren lassen. Ein Spezialfilter benötigt einen Suchkriterienbereich, der die Filterkriterien enthält. Sollen die gefilterten Datensätze kopiert werden, benötigt der Filter auch einen Zielbereich, in dem die gefilterten Datensätze ausgegeben werden.

Standardarbeitsordner
Der Ordner, den Excel bei jedem Programmstart als Standardordner für das Speichern neuer und das Öffnen gespeicherter Daten vorgibt. Dieser Ordner ist geöffnet, wenn Sie die Dialogfelder zum Speichern und Öffnen von Mappen aktivieren. Sie können den Standardarbeitsordner im Feld *Standardarbeitsordner* auf der Registerkarte *Allgemein (Extras/Optionen)* ändern.

Startordner
Der Ordner, dessen Inhalt beim Excel-Start automatisch geöffnet wird. Der Standardstartordner heißt *XLStart* und befindet sich im Excel-Programmordner. Ein weiterer Startordner kann über das Feld *Zusätzlicher Startordner* auf der Registerkarte *Allgemein (Extras/Optionen)* festgelegt werden.

SUMMEWENN()
Eine Funktion, mit der Sie die Werte aus einer Liste gleichzeitig filtern und addieren können. Sie übergeben der Funktion ein Filterkriterium, das festlegt, mit welchem Code die zu addierenden Werte gekennzeichnet sind, die in einer Summe zusammengefaßt werden sollen. Sie können damit z. B. alle Bestellungen eines bestimmten Kunden zusammenfassen, der innerhalb der Liste aller Bestellungen an Hand seiner Kundennummer identifiziert wird.

Szenario
Ein Szenario enthält Zellbezüge und die für diese Bezüge vorgesehenen Werte. Wird das Szenario angewandt, setzt Excel die Werte ein und berechnet die Tabelle mit diesen neu. Sie können so verschiedene Konstellationen durchspielen und einen Bericht erstellen, ohne die Tabelle jedesmal ändern zu müssen.

Szenario-Manager
Der Szenario-Manager (*Extras*-Menü) ist die Excel-Funktion, mit der das Ergebnis von Was-Wäre-Wenn-Berechnungen gespeichert und verwaltet werden kann. Sie aktivieren ihn mit *Extras/Szenario-Manager*.

Transponieren
Als Transponieren wird das Umtauschen der Anordnung von Daten in einer Tabelle bezeichnet. Aus den zeilenweise angeordneten Daten werden Spalten und umgekehrt. Sie können Daten transponieren, indem Sie diese markieren, den Befehl *Bearbeiten/Inhalte einfügen* wählen und das Kontrollkästchen *Transponieren* aktivieren.

Verketten
Als Verketten wird in Excel das Zusammenfügen von Zeichenketten mit dem Verkettungsoperator „&" oder der Funktion VERKETTEN() bezeichnet. Sie können damit in getrennte Zellen eingegebene Zeichenketten, mit einer Formel zusammengefaßt, ausgeben lassen. Nutzen Sie diese Möglichkeit z. B., um getrennt eingegebene Vor- und Nachnamen zusammengefaßt auszugeben. Beispiele für das Verketten von Zellinhalten sind:

```
=Verketten(A2; " ";B2)
=A2 & " " & B2
```

Beide Formeln geben als Ergebnis z. B. „Lieschen Müller" aus, wenn in A2 „Lieschen" und in B2 „Müller" enthalten ist. Sie können natürlich auch andere Textkonstanten als das Leerzeichen verketten, wie Sie an folgendem Beispiel sehen:

```
="Herrn/Frau" & " " & A2 & " " & B2
```

Verweisfunktionen
Eine Funktion, mit deren Hilfe Sie eine Liste oder Datenbank durchsuchen und automatisch Informationen daraus zurückliefern können. Sie finden Verweisfunktionen in der Kategorie *Matrix*. Sie übergeben den Verweisfunktionen ein Suchkriterium als Argument. Das Suchkriterium identifiziert den Datensatz, aus dem der Inhalt einer bestimmten Zelle zurückgeliefert wird.

Visual Basic
Visual Basic ist die Sprache, mit der Sie Prozeduren schreiben oder mit dem Makrorekorder aufgezeichnete Makros erweitern können. Visual Basic ist eine objekt- und ereignisorientierte Sprache, die aus Objekten, Eigenschaften, Funktionen, Methoden und zusätzlichen Schlüsselwörtern zusammengesetzt ist.

XLStart
Das Standardstartverzeichnis von Excel. Es befindet sich im Excel-Programmordner. Alle in diesem Ordner gespeicherten Mappen werden beim Start von Excel immer automatisch geöffnet.

Zellschutz
In der Excel-Tabelle sind alle Zellen geschützt; nur die Tatsache, daß der Dateischutz nicht aktiv ist, läßt Sie diese Zellen frei beschriften. Heben Sie mit *Format/Zellen* im Register *Schutz* die Option *Gesperrt* auf. Mit *Extras/Dokument schützen* wird das Tabellenblatt oder die gesamte Mappe dann geschützt, und Eingaben sind nur noch in den ungeschützten Zellen erlaubt.

Zielwertsuche
Eine Option aus dem Menü *Extras*, über die ein Zellwert anhand vorgegebener Zielwerte zurückberechnet wird. Die veränderbare Zelle muß eine Formel enthalten.

Zugriffsschutz
Ein Schutz, der das Öffnen von Mappen nur den Anwendern ermöglicht, die in Besitz des Schreib-Lesekennwortes sind. Sie können einen Zugriffsschutz vergeben oder ändern, wenn Sie eine Mappe mit *Speichern unter* speichern und die Schaltfläche *Optionen* aktivieren.

Dieses Buch wurde der Umwelt zuliebe auf chlorfrei gebleichtem Papier gedruckt.

Producer: Christian Spanik / Joachim Fette

Satz: medien service fette gmbh, Extertal

Sprachliches Lektorat: Marlis Buchner

Umschlaggestaltung: bhv Verlags GmbH

Farbreproduktionen: DTK Digitale Technik & Kommunikation GmbH, Willich

Gesamtherstellung: LEGOPRINT S.r.l., Trient

Bürohandels- und Verlagsgesellschaft mbH
Novesiastraße 60
41564 Kaarst-Büttgen
Germany
Telefon: (0 21 31) 765 - 01
Telefax: (0 21 31) 765 - 101

1. Auflage

ISBN 3-89360-133-3

Printed in Italy